Coaching für die Praxis

Coaching statt befehlen: was im Sport und beim Unterrichten gilt, ist auch im Unternehmen wirksam. Coaching ist zugleich Mittel und Kern des Wandels der Unternehmenskultur, und selbst die erfolgreichsten Manager versuchen, ihren Führungsstil entsprechend anzupassen.

Sir John Whitmore begann seine berufliche Laufbahn als Profi-Rennfahrer. Später wurde er für Unternehmen in Großbritannien, der Schweiz und den USA tätig, gründete gemeinsam mit Timothy Gallwey die Inner Game Ltd., die auf die Einführung neuer Trainingsmethoden im Sport- und Unternehmensbereich großen Einfluß gehabt hat.

John Whitmore

Coaching für die Praxis

Aus dem Englischen
von Margit Popp

Campus Verlag
Frankfurt/New York

Die englische Ausgabe »Coaching for Performance« erschien 1992 bei Nicholas Brealey Publishing, London (revised edition 1993), represented by The Cathy Miller Foreign Rights Agency, London.

Verlag und Übersetzerin danken Kristina Heide für die kritische Durchsicht des Manuskripts.

Die Deutsche Bibliothek – CIP-Einheitsaufnahme

Whitmore, John:
Coaching für die Praxis / John Whitmore. Aus dem Engl. von Margit Popp. – Frankfurt am Main : Campus Verlag, 1994
Einheitssacht.: Coaching for performance <dt.>
ISBN 3-593-35111-0

Umschlaggestaltung: Atelier Warminski, Büdingen
Satz: Textline GmbH, Oberursel
Druck und Bindung: Druckhaus Beltz, Hemsbach
Gedruckt auf säurefreiem und chlorfrei gebleichtem Papier.

Inhalt

Danksagung

Das vorliegende Buch basiert, wie viele gleichartige auch, auf den Erfahrungen seines Autors und vieler anderer Menschen.

An erster Stelle ist zweifelsohne Tim Gallwey zu nennen, der Schöpfer des Inneren Spiels. In chronologischer Ordnung folgen Bob Kriegel, Sarah Ferguson, Graham Alexander, Alan Fine, Caroline Harris, Chris Morgan, Ben Cannon, Miles Downey und Peter Lightfoot. Sie alle begannen als Sport-Coaches für das Innere Spiel und konnten ihre Coaching-Fertigkeiten später sehr effektiv im Unternehmensbereich anwenden. In meinen Augen sind sie alle ausgezeichnete Coaches, genauso wie Alan Beggs und Lew Hardy, die den Ideen des Inneren Spiels ebenfalls zu akademischem Ansehen verhalfen. Diese Ideen machten uns Mut, als es unter den Konservativen gang und gäbe war, Coaching abzulehnen.

Dank sage ich besonders meinen beiden Coaching-Kollegen aus der allerjüngsten Zeit, David Hemery und David Whitaker, mit denen ich unzählige Kurse abgehalten und kreative Ideen ausgetauscht habe. Beide waren erfolgreiche Sportler und Coaches, die olympisches Format erreichten und uns durch ihre eigenen Erfahrungen auf ähnliche Höhen brachten. Ich danke auch der National Coaching Foundation, Richard Evans und insbesondere David Evans, Vorstandsvorsitzender der Grass Roots Group PCL, die das Forum dafür lieferten, daß wir drei unsere Coaching-Ambitionen weiterverfolgen konnten. Ich schrieb dieses Buch, als ich bei Grass Roots war.

Auch meine Familie hat viel zu diesem Buch beigetragen. Meine Frau Diana, die eine pädagogische Stiftung leitet, in der Psychotherapeuten und Berater ausgebildet werden, hat die Entwicklung meiner Fertigkeiten im Umgang mit Menschen über die Jahre überwacht. Sie hat darauf geachtet, daß ich nicht völlig vom Boden der herkömmlichen Weisheiten abhob, und leitete mich durch das Minenfeld der tieferen Aspekte der menschlichen Psyche. Mein Sohn Jason ist zwar erst neun Jahre alt, aber bereits ein hervorragender Skiläufer und Tennisspieler. Fast täglich bestätigt er aufs neue meinen Glauben an das Potential der Menschen, schnell lernen und Enormes leisten zu können, ohne daß es von der Technik her eines großen, meiner Meinung nach übertriebenen, externen Inputs bedarf, wie immer wieder erwartet wird.

Schließlich gilt mein Dank auch Tim Davison, Nick Brealey und Marion Russell, die mir Rückmeldung gaben und Mut machten. Ihre kritischen Anmerkungen und Vorschläge trugen entscheidend zum Gelingen dieses Buches bei.

Einleitung

Mehr als ein Schlagwort

Coaching ist zur Zeit das Schlagwort in Unternehmenskreisen. Wo immer sich Führungskräfte, Personalchefs und -experten, Unternehmer oder Trainer treffen, wird Ihnen das Wort Coaching genauso oft zu Ohren kommen wie Profit oder Rezession. Leider hat die Popularisierung dieses neuen Begriffs dazu geführt, daß er im guten wie im schlechten Sinn auf Althergebrachtes angewandt wird. Als Folge läuft Coaching Gefahr, entstellt, mißverstanden, als nicht so neu und andersartig abgetan und seinen Verheißungen nicht gerecht zu werden. Viele Unternehmensautokraten sind zudem der felsenfesten Überzeugung, sie seien absolut demokratisch und Coaching sei selbstverständlich für sie. Da es solchen Leuten an Gleichrangigen fehlt, die dem widersprechen würden, und ihre Untergebenen es niemals wagen würden, sie eines Besseren zu belehren, würdigen sie weiterhin ahnungslos sowohl ihre Mitarbeiter als auch die Verbreitung des Coaching herab.

Die Fertigkeit, Kunst und Praxis des Coaching

In diesem Buch sollen die Fakten richtiggestellt werden. Es wird erläutert und veranschaulicht, was Coaching wirklich ist, wofür es gebraucht, wann und wie intensiv es eingesetzt werden, wer es gut und wer es nicht gut anwenden kann. Im Gegensatz zu den verführerischen Behauptungen des *One Minute Manager* gibt es im Geschäftsleben keine Patentlösungen. Gutes Coaching ist eine Fertigkeit, möglicherweise sogar eine Kunst, die gründlich verstanden werden muß und viel Übung erfordert, soll sie ihre erstaunliche Kraft entfalten. Sie werden durch dieses Buch zu keinem Experten für Coaching werden. Aber es wird Ihnen helfen, den enormen Wert des Coaching und das riesige Potential, das in ihm steckt, zu erkennen. Sie werden vielleicht Dinge bei sich entdecken, die Ihren geschäftlichen Erfolg, Ihre sportlichen und anderweitigen Fertigkeiten wie auch Ihren Umgang mit anderen bei der Arbeit und zu Hause tiefgreifend beeinflussen werden.

Geschlecht

Bei den Coaching-Seminaren, die meine Kollegen und ich durchgeführt haben, erwiesen sich Frauen durchweg als begabter für die Aneignung einer Coaching-Philosophie. Es liegt ihnen von Natur aus mehr. Männer müssen dem, was Coaching zu vermitteln hat, mehr Beachtung schenken. Daß zunehmend mehr Frauen Führungspositionen einnehmen, verhilft vielleicht dazu, die Praxis des Coaching als die gängige Kommunikationsnorm im Unternehmensbereich zu etablieren. Ich hoffe es, und ich hoffe auch, daß einige von ihnen das Coaching-Modell in diesem Buch brauchbar finden werden.

Einen Coach einstellen oder sich selbst einen heranziehen?

Der Unternehmensleiter steht vor der Wahl, ob er einen gut ausgebildeten Coach für spezielle Funktionen fest einstellt oder ob er und seine Kollegen Coaching-Fertigkeiten erlernen sollen. Die Wahl ist nicht einfach und hängt von vielen Faktoren ab. Unter bestimmten Umständen mag die eine oder andere Alternative vorzuziehen sein, das Ideal wäre aber wahrscheinlich eine Kombination aus beidem.

Selbst-Coaching

Ich hoffe, daß durch dieses Buch Vorstandsvorsitzende, Personaldirektoren und andere in die Lage versetzt werden, ihre Bedürfnisse abzuklären und die beste Entscheidung zu treffen. Jeder, der Coaching wirklich versteht, wird sich bald und bei allem selbst coachen – von der Berufswahl bis zum Golfschlag einschließlich sehr persönlicher Themen, über die man nur äußerst ungern mit anderen spricht. Schließlich ist Selbst-Coaching eine sichere Methode, Coaching zu erlernen und zu üben, um es dann bei anderen überzeugend anwenden zu können.

Beispiele

Ich werde Beispiele und Analogien aus dem Geschäftsbereich und zahlreichen Sportarten verwenden, um besondere Punkte zu veranschaulichen. Zur weiteren Erhellung des Prozesses dient der Dialog einer erdachten, aber typischen Coaching-Sitzung. Das Buch enthält auch eine Liste von Standardfragen, nach denen eine Coaching-Sitzung in etwa ablaufen könnte.

1 Was ist Coaching?

›To coach‹ bedeutet auf deutsch in etwa ›einpauken‹, ›trainieren‹, ›Tips und Anweisungen geben‹, ›mit Fakten vollstopfen‹. Das hilft uns jedoch nicht viel weiter, da dies alles sehr unterschiedlich praktiziert werden kann und nicht unbedingt in einer Beziehung zum Coaching stehen muß. Beim Coaching geht es gleicherweise darum, wie etwas gemacht wird, wie darum, was gemacht wird. Coaching betrifft in erster Linie die Art der Beziehung zwischen dem Coach und dem Gecoachten und die Mittel und den Stil der verwendeten Kommunikation. ›Die Fakten‹ sind zweitrangig. Sie werden später sehen, warum. Natürlich ist das oberste Ziel die Leistungsverbesserung. Wie man sie am besten erreicht, ist die Frage.

Die sportlichen Ursprünge des Coaching

Aus irgendwelchen Gründen sprechen wir im Profisport von Tennis-Coaches, aber Ski-Trainern. Beide sind nach meiner Erfahrung überwiegend Lehrer. Tennis wird seit einigen Jahren etwas weniger dogmatisch trainiert, die Technik steht nicht mehr so im Vordergrund, aber das reicht noch nicht aus. Das Ski-Training in Europa läuft noch stark im Unterrichtsstil ab, und ›der Mann auf der Straße‹ kann reichlich Horrorgeschichten über die ›in die Knie-geh‹-Methodik erzählen.

Das Innere Spiel

Die Trainingsweise dieser beiden Sportarten und auch des Golfspiels wurde vor mehr als einem Jahrzehnt von dem Erziehungswissenschaftler und Tennisexperten Timothy Gallwey aufs Korn genommen. Mit seinen Büchern *The Inner Game of Tennis, Inner Skiing* und *The Inner Game of Golf* sagte er den gängigen Trainingsmethoden den Kampf an. ›Inner‹ weist auf den mentalen Zustand des Spielers hin. In Gallweys Worten: »Der Gegner im eigenen Kopf ist schlimmer als der auf der anderen Seite des Netzes.« Jeder, der schon so einen Tag auf dem Platz hatte, an dem ihm nichts richtig gelang, weiß, worauf Gallwey hinauswill. Gallwey behauptet weiterhin, daß bei einem Spieler, ohne daß der Coach sich verstärkt um seine Technik kümmern müßte, ein unerwartetes Talent zum Vorschein kommen wird, wenn der Coach ihm helfen kann, die internen, seiner Leistung im Wege stehenden Hindernisse abzubauen oder zu verringern.

Seine Bücher lösten bei den meisten Coaches, Lehrern und Profis zuerst nur Unglauben aus, von Zustimmung ganz zu schweigen, und dies, obwohl die Spieler sie gierig verschlangen und zu Bestsellern machten. Die Daseinsberechtigung der Profitrainer war bedroht. Ihrer Meinung nach versuchte Gallwey, das Sporttraining auf den Kopf zu stellen und ihr Ego, ihre Autorität und die Prinzipien, in die sie so viel investiert hatten, zu untergraben. In gewisser Hinsicht tat er das auch. Aber er drohte ihnen nicht mit Arbeitslosigkeit. Er behauptete nur, sie könnten effektiver sein, wenn sie ihre Methode veränderten.

Das Wesen des Coaching

Gallwey **hatte** das Wesen des Coaching berührt. **Coaching setzt das Potential eines Menschen frei, seine eigene Leistung zu maximieren. Es hilft ihm eher zu lernen, als daß es ihn etwas lehrt.**

Das war nicht neu: Vor ungefähr 2000 Jahren hatte Sokrates das Gleiche geäußert. Seine Philosophie ist nur irgendwie auf der Hetzjagd zum materialistischen Reduktionismus der letzten zwei Jahrhunderte verlorengegangen. Aber Coaching, wenn schon nicht Sokrates, ist zurückgekehrt und wird bei uns bleiben. Gallweys Bücher fielen mit einem auch in der Psychologie aufkommenden optimistischeren Menschheitsmodell zusammen. Wir sind danach weit mehr als leere Gefäße, in die alles hineingegossen werden muß, wie es noch die alte behavioristische Anschauung besagte. Dem neuen Modell zufolge ähneln wir eher einer Eichel, die bereits das gesamte Potential für die Entstehung einer herrlichen Eiche enthält. Wir benötigen Nahrung, Förderung und das Licht, um dahinzukommen, aber wir besitzen bereits alle Anlagen dafür.

Wenn wir dieses Modell akzeptieren, muß die Art, wie wir lernen, und noch wichtiger, wie wir lehren und trainieren, in Frage gestellt werden. Leider lassen sich Gewohnheiten nur schwer ablegen. Alte Methoden werden beibehalten, selbst wenn wir ihre Grenzen kennen. Es ist schwer, den Erfolg neuer Methoden zu beweisen, wenn nur wenige sie vollständig verstanden und angewandt haben. Viele sind nicht bereit, ihre ausgetretenen Pfade lange genug zu verlassen, um die Vorzüge neuer Wege zu erproben.

Vom Sport zum Geschäft

Auch wenn einige Manager philosophisch mit der sokratischen Methode sympathisierten, wurde die Idee eher von akademischen Thesen als praktischen Coaching-Modellen gestützt. Tim Gallwey war vielleicht der erste, der eine einfache, aber umfassende Coaching-Methode aufzeigte, die leicht auf nahezu alle Situationen angewandt werden konnte. Es überrascht kaum, daß Gallwey häufiger Vorträge vor amerikanischen Unternehmensleitern als vor Sportlern hielt. Ich vermute allerdings, daß jene hofften, dadurch auch ihr Golfspiel zu verbessern. In seinen Büchern versuchte er nicht, Coaching zu lehren. Vielmehr identifizierte er die Probleme, denen wir beim Sport und im Beruf so oft gegenüberstehen, und gab Hinweise, wie wir selbst mit ihnen fertig werden könnten. Die Coaching-Methode war zu leicht durch die vorherrschenden Einstellungen und Überzeugungen des Möchte-Gern-Coaches zu verzerren, als daß sie nur durch ein Buch gelehrt werden konnte. Diesem Problem stehe auch ich jetzt gegenüber.

Ich ließ mich gleichwohl von Tim Gallwey ausbilden und führte das Innere Spiel in Großbritannien ein. Wir bildeten bald ein kleines Team von Coaches für das Innere Spiel. Zunächst wurden alle von Gallwey trainiert, später taten wir es in eigener Regie. Wir führten Kurse für Inner Tennis und Inner-Ski-Ferien durch, und viele Golfer spielten durch

Inner Golf befreit auf. Es dauerte nicht lange, bis unsere Sportschützlinge danach fragten, ob wir dieselben Methoden nicht auch auf gravierende Probleme in ihren Unternehmen anwenden könnten. Wir taten es. Und alle führenden Vertreter des heutigen Unternehmens-Coaching sind aus der Gallweyschen Coaching-Schule hervorgegangen oder nachhaltig von ihr beeinflußt worden.

Inneres Geschäft

Wir haben nun nach jahrelanger Erfahrung im Unternehmensbereich auf diesen ersten Methoden aufgebaut, sie weiter verfeinert und den Problemen und Bedingungen des heutigen Geschäftsumfeldes angepaßt. Einige von uns haben sich darauf spezialisiert, Manager im Coaching zu unterrichten, andere haben sich als unabhängige Coaches für Führungskräfte und unternehmensinterne Arbeitsgruppen betätigt. Obgleich wir Konkurrenten sind, blieben wir enge Freunde und arbeiten nicht selten zusammen. Dies alleine spricht schon sehr für die Methode. Schließlich war es Tim Gallwey, der behauptete, daß Ihr Gegner im Tennis in Wirklichkeit Ihr Freund ist, wenn er Sie übers Spielfeld scheucht. Er ist es nicht, wenn er den Ball einfach zu Ihnen zurückschlägt, denn das hilft Ihnen nicht, Ihr Spiel zu verbessern. Und genau das ist es doch, was wir wohl alle auf unseren verschiedenen Gebieten versuchen.

Mentoring

Wenn ich schon dabei bin, Coaching zu definieren, sollte ich auch Mentoring erwähnen. Dieser Begriff hat ebenfalls vor kurzem Eingang in die Geschäftssprache gefunden. Er entstammt der griechischen Mythologie. Dort wird berichtet, daß Odysseus, als er sich auf den Weg nach Troja machte, sein Haus und die Erziehung Telemachs seinem Freund Mentor anvertraute. »Erzähle ihm alles, was Du weißt«, sagte Odysseus. So gab er, ohne es zu ahnen, einige Hinweise für das Mentoring ab.

Ein Mentor der Neuzeit war Mike Sprecklen, der Coach des unbesiegbaren Ruderteams Holmes und Redgrave. Nach Abschluß eines Coaching-Kurses sagte Sprecklen: »Ich steckte fest. Ich hatte ihnen technisch alles beigebracht, was ich wußte. Aber daraus erwächst die Möglichkeit, etwas Neues zu machen, denn sie können Dinge fühlen, die ich nicht einmal sehen kann.« Er hatte einen neuen Weg entdeckt, mit ihnen voranzukommen, indem er stärker mit ihren Erfahrungen und Wahrnehmungen arbeitete als den seinen. Gutes Coaching und gutes Mentoring kann und sollte schließlich den Schützling über die Grenzen des Coaches oder das Wissen des Mentors hinausbringen.

Im großen und ganzen werden Mentoring und Coaching heute im täglichen und im Geschäftsleben austauschbar gebraucht. Ich zitiere aus David Clutterbucks Buch *Everyone Needs a Mentor:*

Trotz der Vielzahl der Definitionen von Mentoring (und der zahlreichen Namen, die ihm gegeben werden, von Coaching oder Beratung bis Förderung) scheinen alle Experten und Multiplikatoren darin übereinzustimmen, daß seine Ursprünge im Konzept der Ausbildung liegen, bei dem eine ältere, erfahrenere Person ihr Wissen darüber weitergibt, wie eine Aufgabe erledigt wird und man im Geschäftsleben agiert.

Eric Parsloe trifft in seinem Buch *Coaching, Mentoring and Assessing* eine kleine Unterscheidung. Er meint, Coaching befasse sich durch eine Art Tutoring oder Instruieren direkt mit der sofortigen Leistungsverbesserung und der Entwicklung von Fertigkeiten. Mentoring ist immer einen Schritt weiter entfernt. Es bezieht sich auf die längerfristige Aneignung von Fertigkeiten im Laufe des Berufslebens durch Ratgeben und Beraten.

Ich trete für ein Konzept des Ratgebens und Beratens im Sinne von Parsloes Definition von Mentoring gegenüber dem Instruieren ein. Aber ich verwende Coaching gleichberechtigt und ebenso effektiv zur sofortigen Leistungsverbesserung wie zum kurz- und langfristigen Aufbau von Fertigkeiten. Ich bezeichne es in jedem Fall als Coaching, ob ich nun »den Daumen daraufhalte« oder »einen Schritt entfernt bleibe«. Ob wir es Coaching, Ratgeben, Beraten oder Mentoring nennen, sofern es richtig gemacht wird, sind die zugrundeliegenden Prinzipien und die Methodologie immer dieselben. Wenn diese Prinzipien, auf die im vorliegenden Buch näher eingegangen werden soll, vernachlässigt werden, so werden die Mitarbeiter und die Leistung leiden. Und kein noch so schöner neuer Name wird daran etwas ändern!

2 Der Manager als Coach

Zuckerbrot und Peitsche

Darin liegt das Paradox. Denn der Manager bestimmt traditionell über das Gehalt und die Beförderung, aber auch über die Entlassung. Das ist soweit schön, solange Sie glauben, daß einzig der kluge Einsatz von Zuckerbrot und Peitsche motivierend wirkt. Aber meiner Meinung nach, und dies bestätigen auch einige alarmierende pädagogische Forschungsarbeiten der letzten Zeit, verhalten sich die Leute wie Esel, wenn man sie wie solche behandelt. Ich hoffe, Eseln nicht unrecht zu tun, wenn ich behaupte, daß sie so wenig wie irgend möglich machen werden.

Echte Motivation

Geld motiviert zweifelsohne. Aber es motiviert minimal, wenn es sich kaum vermehrt, in zähen Verhandlungen erkämpft werden muß und nur widerwillig gegeben wird. Die Forschung hat durchweg gezeigt, daß die Sicherheit und die Qualität des Arbeitsplatzes für die meisten Menschen eine höhere Priorität besitzen. Nur wenn diese internen Motivatoren nicht vorhanden sind, bekommt das Geld, der gewöhnlichste externe Motivator, einen höheren Stellenwert, weil ›es das einzige ist, was wir hier kriegen können. Also kämpfen wir um jeden Pfennig, der sich rausholen läßt‹. Wenn Geld jedoch als Maßstab für das Selbstwertgefühl gegeben, empfangen und wahrgenommen wird, kommt ihm eine viel größere Bedeutung zu.

Auf die Dauer ist die einzige wirklich effektive Motivation die interne oder Selbstmotivation. Dort setzt der Coach zuerst an. Jemandem zu sagen, er solle sich selbst motivieren, ist ein Widerspruch in sich. Selbstmotivation kann durch Coaching enorm erhöht werden. Und Coaching kann dann verwendet werden, um die Motivation in effektives Handeln umzusetzen. Motivation und Handeln würden untergraben werden, wenn in diesem Stadium nur zugeredet, angewiesen oder instruiert würde.

Die Beziehung zwischen dem Coach und dem Gecoachten muß von partnerschaftlichem Bemühen, von Vertrauen, von Sicherheit und minimalem Druck geprägt sein. Gehalt, Beförderung und Entlassung haben hier keinen Platz. Sie würden diese Beziehung nur stören.

Ein neuer Managementansatz

Kann ein Manager Coach sein?

Kann ein Manager daher überhaupt Coach sein? Durchaus. Aber dafür muß er ausgesprochen gute Eigenschaften aufweisen: Einfühlungsvermögen, Integrität und Unvoreingenommenheit ebenso wie in den meisten Fällen die Bereitschaft, mit seinen Mitarbeitern gänzlich anders umzugehen.

Er muß auch seine eigene Methode finden, da es nur wenige Rollenmodelle gibt, denen er folgen könnte. Und er muß womöglich sogar mit anfänglichem Widerstand seitens einiger seiner Mitarbeiter fertig werden, die jedem Abweichen vom traditionellen Management mißtrauisch gegenüberstehen. Sie fürchten vielleicht die zusätzliche persönliche Verantwortung, die ein Coaching-Stil im Management mit sich bringt. Diese Probleme sind vorhersehbar und im allgemeinen durch Coaching leicht auszuräumen.

Die uns vertrauten Management- oder Kommunikationsstile variieren zwischen einem autokratischen Ansatz auf der einen Seite des Spektrums und einem Laisser-faire-Ansatz und der Hoffnung, daß alles schon zum besten geht, auf der anderen. Am einen Ende spürt der Chef, daß alles unter seiner Kontrolle ist, und weiß was er verlangt hat. Aber wie sicher kann er sein, daß es sein demotivierter Untergebener auch liefern wird? Am anderen Ende trifft der Untergebene im Genuß seiner Entscheidungsfreiheit vielleicht eine Maßnahme oder Entscheidung, die für seinen Chef nicht akzeptabel ist, ihn womöglich sogar in Gefahr bringt.

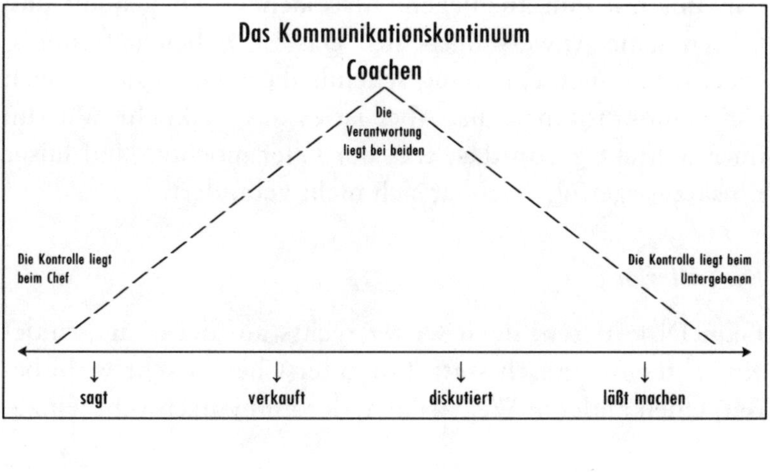

Sagen

Als ich ein kleiner Junge war, sagten mir meine Eltern, was ich zu tun hatte, und schimpften mich aus, wenn ich es nicht tat. Als ich zur Schule ging, sagten mir meine Lehrer, was ich tun sollte, und ich bekam den Rohrstock zu spüren, wenn ich nicht gehorchte. Als ich in der Armee war, sagte mir der Spieß, was zu tun war, und gnade mir Gott, wenn ich es nicht tat! Als ich meinen ersten Job hatte, sagte mir mein Chef ebenfalls, was ich zu tun hätte. Was machte ich also, als ich eine gewisse Machtposition erreicht hatte? Ich sagte den Leuten, was sie tun sollten, weil alle meine Rollenmodelle es so vorgelebt hatten. Das trifft auf die Mehrzahl von uns zu: Wir sind mit dem Sagen groß geworden und beherrschen es hervorragend.

Verkaufen

Der nächste Punkt weiter rechts auf der Skala ist das Verkaufen. Der Chef unterbreitet seine gute Idee und versucht, uns von ihrer Großartigkeit zu überzeugen. Wir hüten uns davor, uns mit ihm anzulegen. Also lächeln wir gequält und führen seine Anweisungen aus. Das ist vielleicht freundlicher, wenn auch ein wenig scheinheilig, und es sieht gleich viel demokratischer aus. Aber ist es das wirklich? Wir tun im Endeffekt genau das, was der Chef möchte. Und unser Einsatz ist gering. Viel hat sich nicht verändert.

Diskutieren

Beim Diskutieren, noch weiter rechts auf der Skala, findet ein echter Austausch statt. Ein guter Chef ist sehr wohl bereit, einen anderen Weg als den, der ihm vorschwebt, einzuschlagen, vorausgesetzt, er geht in die richtige Richtung. Sir John Harvey-Jones sagte in einem Interview über Gruppenführung für David Hemerys Buch *Sporting Excellence:*

Wenn die von allen anderen gewünschte Richtung nicht die ist, die wir meiner Meinung nach einschlagen sollten, werde ich es akzeptieren ... wenn die Sache einmal am Laufen ist, kann man die Richtung immer noch ändern. Ich merke womöglich, daß sie recht hatten, oder sie erkennen vielleicht, daß sie danebenliegen, und folgen meinem Weg. Möglicherweise gelangen wir alle zusammen ja auch zu der Erkenntnis, daß wir lieber eine dritte Alternative wählen sollten. In der Industrie kommt man nur mit dem Herzen und dem Kopf weiter.

So attraktiv eine demokratische Diskussion auch sein mag, so kann sie doch viel Zeit kosten und im Endeffekt zu nichts führen.

Machen lassen

Am rechten Ende der Skala, wo der Untergebene alleine zurechtkommen muß, kann er völlig frei entscheiden. Der Manager ist dadurch in der Lage, anderen Pflichten nachzukommen. Das ist jedoch für beide riskant. Der Manager hat auf seine Verantwortung verzichtet, obwohl er nach wie vor seinen Kopf wird hinhalten müssen. Der Untergebene bringt möglicherweise eine mangelhafte Leistung, da ihm viele Aspekte der Aufgabe nicht bewußt sind.

Coaching

Die meisten Manager werden sich auf der Skala irgendwo zwischen diese Extrempunkte plazieren. Coaching liegt jedoch auf einer gänzlich anderen Ebene. Es verbindet die

Vorteile beider Extreme, ohne zugleich deren Risiken zu besitzen. Aus den Coaching-Fragen und -Antworten erfährt der Manager beziehungsweise Coach nicht nur, was der Untergebene zu tun beabsichtigt, sondern auch seine Gründe dafür. Der Untergebene wird ermutigt, eigene Entscheidungen zu treffen, und Coaching schärft sein Bewußtsein und erhöht sein Verantwortungsgefühl. Beides ist ausschlaggebend, um hohe Leistungsstandards zu erreichen und aufrechtzuerhalten.

Die Rolle des Managers

Das wirft die Frage auf: »Welche Rolle spielt ein Manager?« Viele Manager werden zu oft zu Feuerwehrleuten. Sie strampeln sich ab, damit die Arbeit erledigt wird. Wie sie selbst eingestehen, haben sie kaum die Zeit dafür, langfristig zu planen, Visionen nachzuhängen, sich einen Überblick zu verschaffen, Alternativen, den Wettbewerb, neue Produkte und dergleichen zu durchdenken, obgleich sie spüren, daß das notwendig wäre. Und am entscheidendsten, sie haben keine Zeit für Personalentwicklung. Sie schicken ihre Mitarbeiter auf ein oder zwei Fortbildungsseminare und reden sich wider besseres Wissen ein, daß das genüge. Die Investition zahlt sich selten aus.

Jeder Trainer wird dem zustimmen, daß das nachträgliche Aufarbeiten wesentlich ist, wenn die Schulung etwas bringen soll. Nur wenige Unternehmen haben jedoch die Zeit und das Geld für ein ausreichendes Nacharbeiten, wenn dieses von der Organisation nicht selbst nach Kräften unterstützt und insbesondere von der Führungsspitze praktiziert wird. Wenige Unternehmen sind bereit, solche radikalen Veränderungen vorzunehmen, selbst wenn ihr Überleben davon abhängen sollte. Ein derartiger Wandel der Firmenkultur ist jedoch nicht so schwierig, kostspielig und riskant, wie es sich die meisten Manager vorstellen. Er kann ihnen vielmehr genau das bringen, was sie wollen.

Sich Leute heranziehen

Coaching ist sowohl Mittel als auch Wesen eines Wandels der Unternehmenskultur. In einer gewandelten Organisation werden Arbeitserledigung und Personalentwicklung als ungefähr gleichgewichtig angesehen. Wie finden nun Manager die Zeit, ihre Mitarbeiter zu coachen? Die paradoxe Antwort ist schnell gegeben. Wenn sie ihre Mitarbeiter coachen, werden sich diese weiterentwickeln und viel mehr Verantwortung übernehmen. Dadurch befreien sie die Manager von ihrem Feuerwehrjob, die somit nicht nur freie Hand bekommen, um mehr zu coachen, sondern auch um sich mit jenen übergeordneten Problemen zu befassen, denen nur sie sich widmen können. Leute heranzuziehen geschieht deshalb eher aus erkanntem Selbstinteresse als aus Idealismus, von dem man nichts hat. Sicherlich wird es Zeiten geben, in denen das Motto lautet: Alle Mann an die Pumpen und zur Hölle mit den feinen Unterschieden. Das ist aber hinnehmbar und wird in einer Kultur akzeptiert, in der sich jeder umsorgt fühlt.

Die Tabelle auf Seite 26 ist ein fester Bestandteil der Trainingstradition. Aber sie ist so wichtig, daß ich sie hier nochmals wiedergeben möchte.

Die Tabelle zeigt die Ergebnisse einer länger zurückliegenden Untersuchung der IBM. Die Untersuchung wurde vor kurzem von der britischen Postverwaltung wiederholt und bestätigte die Resultate. Eine Gruppe von Leuten wurde nach dem Zufallsprinzip in drei Untergruppen aufgeteilt. Jeder Untergruppe wurde die gleiche, sehr einfache Sache beigebracht, jedoch nach drei verschiedenen Methoden. Die Ergebnisse in der Tabelle sprechen für sich. Wichtig für unseren Kontext ist insbesondere, daß die Wiedergabe aus dem Gedächtnis dramatisch absinkt, wenn den Leuten nur etwas gesagt worden war.

Ich legte diese Tabelle einmal zwei Fallschirmspringer-Trainern vor. Ich erinnere mich gut daran, wie betroffen sie reagierten, weil sie Notfall-Maßnahmen bisher immer durch Sagen unterrichtet hatten. Sie änderten umgehend ihre Methode, bevor es zu einem tödlichen Absturz kam!

	Gesagt	Gesagt und gezeigt	Gesagt, gezeigt und selbst ausgeführt
Wiedergabe nach 3 Wochen	70 %	72 %	85 %
Wiedergabe nach 3 Monaten	10 %	32 %	65 %

3 Das Wesen des Wandels

Warum Wandel?

Ein Wandel der Unternehmenspraxis wurde noch nie so laut gefordert wie heute. Wie kam es dazu? Warum wird das bisherige Vorgehen heute nicht mehr für gut gehalten? Stürzen wir uns in Veränderungen nur um der Veränderungen willen? Woher wissen wir, daß es irgendwie besser werden wird? Und für wie lange? Wir haben in der Vergangenheit so viele große Veränderungen durchgeführt, und sie haben nichts bewirkt. Kaum haben wir etwas verändert, müssen wir schon wieder etwas ändern. Und außerdem, von wo nach wo verläuft die Veränderung? Das sind die Ängste vieler, die sich durch den unausweichlichen Ansturm von Unwägbarkeiten bedroht fühlen. Es sind aber auch sehr stichhaltige Fragen, deren Antworten wir verstehen müssen, wenn wir den Wandel gut managen wollen.

Es gibt viele redliche Antworten auf diese Fragen. Zum Beispiel die, daß der wachsende weltweite Wettbewerb das Tempo in Richtung auf schlankere, effizientere, flexible und verantwortungsbewußte Einheiten verschärft. Die Geschwindigkeit der technologischen Erneuerung führt beim

Management häufig zu der Erkenntnis, daß es niemals die Fertigkeiten der Teams gelernt hat, die es beschäftigt. Demographische Veränderungen, die fortschreitende Integration Europas und die politische Neuordnung und Refinanzierung der ehemaligen Ostblockstaaten stellen neue Herausforderungen dar. Es gibt jedoch noch einen anderen, vielleicht subtileren, aber so allgegenwärtigen Faktor, daß es manchem schwerfällt, an ihm überhaupt zu rühren.

Ein neues Bewußtsein

Gemeint ist das wachsende Bewußtsein ganz normaler Menschen, das sie eine stärkere Beteiligung an den Entscheidungen fordern läßt, die sie bei der Arbeit, beim Spiel, lokal, national oder sogar weltweit betreffen. Entscheidungen traditioneller Autoritäten, Regierungen und anderer Institutionen, die bislang unantastbar waren, werden in Frage gestellt und manchmal von den Medien, Interessengruppen und betroffenen Individuen eingefordert.

Ist nicht genau das innerhalb der Sowjetunion und im Ostblock passiert und hat zum Zusammenbruch des Kommunismus geführt? In unserer heutigen Gesellschaft ist es einfacher als je zuvor, Gehör zu finden, und der zweifelhafte Ruhm uneinnehmbarer Festungen bekommt Risse. Wer etwas zu verbergen hat, zieht den Schwanz ein und knurrt. Die Mehrzahl der denkenden Menschen begrüßt jedoch diese Veränderungen, selbst wenn sie gewisse Unsicherheitsgefühle hervorrufen. Ob man dieses Bewußtsein als evolutionär entstanden ansieht oder nur als das Resultat einer Welt, die vor dem Versinken in einem Meer unmittelbarer Kommunikation zurückschreckt, tut nichts zur Sache. Es liegt bei uns.

Verantwortlichkeit

Ich bat eine Gruppe höherer Polizeibeamter, für die ich ein Coaching-Seminar durchführte, mit einem einzigen Wort das Wesen dieses Wandels, den auch sie bemerkt hatten, zu beschreiben. Das Wort lautete Verantwortlichkeit. Für die Polizei war dieser Begriff damals von akuter Bedeutung. Er läßt sich aber genauso gut auf die Geschäftswelt anwenden. Die Guinness-Affaire, Boesky, Milken, Lloyds, Maxwell und Barlow Clowes sind gerade aktuelle Beispiele unzulässiger Manipulation, die enthüllt wird, beschämend ist und beseitigt wird. Positivere und bedeutsamere, aber vielleicht weniger sichtbare Anzeichen des in der Luft liegenden Wandels sind die in einigen Unternehmensbereichen laufenden Versuche, den Mitarbeitern mehr Verantwortung zu übertragen.

Was bedeutet Verantwortlichkeit? Bedeutet es, für seine eigenen Handlungen geradestehen zu müssen? Das klingt zwar bedrohlich, aber würden wir nicht alle gerne Selbstverantwortung übernehmen? Ich bevorzuge den Begriff Verantwortung. Er ist aktiv. Verantwortlichkeit ist weitgehend reaktiv. Verantwortlichkeit impliziert Urteilsfähigkeit. Verantwortung impliziert Wahl. Wahl impliziert Freiheit. Ganz gewöhnliche Leute beginnen plötzlich nicht nur zu merken, daß sie diese Wahlfreiheit haben möchten, sondern auch, daß man sie in stärkerem Maße bekommen kann, als man je glaubte, selbst innerhalb unserer komplexen Vielfalt sozialer Strukturen. Anstatt sich dadurch bedroht zu fühlen, sollten Manager erkennen, daß sie Kapital daraus schlagen können, wenn sie den Menschen mehr Verantwortung übertragen, und daß diese im Gegenzug ihr Bestes geben werden. So gewinnt jeder. Den Gecoachten dahinzubringen, persönliche Verantwortung zu akzeptieren, ist ein Eckpfeiler des Coaching.

Streß

Es gibt noch einen weiteren guten Grund. Der Arbeitsstreß soll zumindest in den USA epidemische Ausmaße erreicht haben. Eine kürzlich von einem unabhängigen Forschungsunternehmen in Minneapolis durchgeführte Untersuchung zeigte, daß sich so viele Menschen hauptsächlich deshalb ausgebrannt fühlen, weil ihnen ›zu wenig persönliche Kontrolle‹ bei der Arbeit zugestanden wird, und zwar ständig und unabhängig von der Wirtschaftslage. Das allein spricht schon für den dringenden Bedarf, die Arbeitspraxis so zu verändern, daß sie zu persönlicher Verantwortung motiviert.

Angst vor Veränderung

Viele Leute haben jedoch enorme Angst vor jedweder Veränderung. Das überrascht nicht, wenn man bedenkt, daß wir wenig tun können, um unsere Kinder auf die Welt, in der sie leben werden, vorzubereiten. Sie wird sicherlich nicht so sein, wie wir sie kennengelernt haben. Wir wissen aber nicht, wie sie sein wird. Vielleicht können wir nur hoffen, ihnen die Flexibilität und Anpassungsfähigkeit beizubringen, um mit dem, was sein wird, umgehen zu können.

Wandel als Norm

Das war bei unseren Urgroßeltern anders: das meiste, was sie ihren Kindern beibrachten, war während ihres ganzen Lebens gültig. Sie lebten im großen und ganzen in einem stabilen Zustand. Stabilität war zumindest die akzeptierte Norm, selbst wenn sich das langsam änderte! Die meisten von uns sind mit dieser Mentalität aufgewachsen. Wir müssen uns aber jetzt an Bedingungen anpassen, die alles andere als stabil erscheinen. Unsere Enkel werden wahrscheinlich Stabilität, so wie wir sie kannten, niemals erfahren. Sie werden mit dem Wandel als Norm aufwachsen. Sie müssen deshalb nur mit der variierenden Geschwindigkeit dieses Wandels fertig werden. Wir sind die Generation, die sich damit herumschlägt und darauf einstellen muß, daß der Wandel selbst jetzt die Norm ist. Wir schlagen uns herum, weil wir uns in der Illusion von Stabilität festgebissen hatten. Wenn vieles, was wir kennen und lieben, in Bewegung ist, wird die volle Übernahme von persönlicher Verantwortung körperlich und geistig notwendig für das Überleben. Wir müssen uns selber um uns kümmern, denn niemand anderer wird dies in einem Klima tun, wo *jeder* mit Veränderungen zurechtkommen muß.

4 Das Ziel des Coaching

Vielleicht sind Sie mittlerweile zu der Meinung gelangt, ich hätte mich weit vom Thema Coaching entfernt, und die Rolle des Managers und alles, was mit Wandel zusammenhängt, seien nur Randthemen. Das stimmt nicht. Sie sind der Kontext des Coaching. Wenn sie nicht verstanden werden, wird Coaching bloß zu einer weiteren unter vielen anderen Patentlösungen. Es ist möglich, jemanden zu coachen, damit er ein Problem lösen oder neue Fertigkeiten erlernen kann, indem die in diesem Buch beschriebene Coaching-Methode eifrig angewandt wird, ohne der zugrundeliegenden Coaching-Philosophie zuzustimmen. Das Coaching kann kompetent durchgeführt und bedingt erfolgreich sein. Es wird aber weit hinter seinen Möglichkeiten zurückbleiben.

Einige Coaches haben so begonnen. Ich erinnere mich gut an einen Ski-Lehrer, den wir trainierten. Er war zu einem tieferen Verständnis einfach nicht bereit. Sein Vorgehen war autokratisch, dogmatisch und irgendwie manipulativ. Indem er jedoch unsere Methode systematisch auf das Skifahren anwandte, erzielte er Ergebnisse, die ihn nach und nach davon überzeugten, daß Verantwortung alle Arten von verstecktem Potential beim Gecoachten freisetzen kann. Er veränderte bald seine ganze Philosophie. Nicht nur, daß er ein Handbuch über das Selbst-Coaching beim Skifahren schrieb und die besten Skilehrgänge entwarf, die ich kenne, sondern er wurde auch zum Coaching-Experten auf dem Gebiet des Verkaufstrainings.

Das Bewußtsein schärfen

Bislang habe ich betont, wie wichtig die Selbstmotivation des Gecoachten und seine Übernahme von Verantwortung ist, sei es bei der Arbeit oder beim Sport. Beide kommen von innen und können nicht von außen aufgedrängt oder erzwungen werden. Durch Coaching lassen sie sich erzeugen. Aber so wichtig sie auch sind, bedarf es doch eines weiteren Elements, um die Grundlage für ein erfolgsorientiertes Coaching zu schaffen. Dieses andere Schlüsselelement ist BEWUSSTSEIN. Es ist das Produkt gebündelter Aufmerksamkeit, Konzentration und klaren Denkens. Nach dem Duden bedeutet bewußt sein »etwas wissen, sich über etwas im klaren sein«. Und der Brockhaus beschreibt Bewußtsein als »die Beziehung des Ich auf einen äußeren oder inneren Gegenstand; das unmittelbare Wissen des Subjekts um geistige und seelische Zustände, die es erfährt; auch das Aufmerken auf einzelne Erlebnisse«. Man könnte kurz auch vom ›Wissen des Wissens‹ sprechen. Wie bei unserer Sehkraft oder unserem Gehör, die gut oder schlecht sein können, gibt es auch unendlich viele Abstufungen des Bewußtseins. Während jedoch für Sehkraft oder Gehör feste Qualitätsmerkmale gelten, ist die Norm für unser alltägliches Bewußtsein ziemlich dürftig. Ein Vergrößerungsglas oder ein Verstärker kann unser Seh- und Hörvermögen um Längen über das normale Maß hinaus verbessern. Das Bewußtsein kann hingegen einzig durch gebündelte Aufmerksamkeit und Übung beträchtlich gesteigert werden! Ein gesteigertes Bewußtsein führt genau wie ein Vergrößerungsglas zu einer übernormal klaren Wahrnehmung.

Bewußtsein schließt Sehen und Hören am Arbeitsplatz ein, umfaßt jedoch weit mehr. Es ist das Sammeln und das klare Erkennen der relevanten Fakten und Informationen und die Fähigkeit, Wichtiges von Unwichtigem zu unterscheiden. Zu dieser Fähigkeit gehört das Verstehen von Systemen, Triebkräften, von Beziehungen zwischen Dingen und Menschen und zwangsläufig ein psychologisches Verständnis. Bewußtsein schließt auch Ich-Bewußtsein im Sinne von Selbstreflexion ein, insbesondere die Erkenntnis, wann und wie Emotionen oder Wünsche die eigene Wahrnehmung verzerren.

Bewußtsein führt zu Fertigkeiten

Bei der Entwicklung körperlicher Fertigkeiten kann das Bewußtsein physischer Empfindungen entscheidend sein. Bei den meisten Sportarten steigert ein Sportler beispielsweise am wirksamsten seine individuelle physische Leistungsfähigkeit, indem er sich zunehmend des Körpergefühls während eines Bewegungsablaufes bewußt wird. Die meisten Sport-Coaches können das nur schwer verstehen und zwingen weiterhin hartnäckig ihre Technik von außen auf. Wenn sich das kinästhetische Bewußtsein auf eine Bewegung richtet, werden die unmittelbar auftretenden körperlichen Beschwerden und die entsprechenden Ineffizienzen in der Bewegung verringert und alsbald ausgemerzt. Der Bewegungsablauf wird dadurch fließender und effizienter. Er kommt der Lehrbuch-Technik näher und besitzt den entscheidenden Vorteil, eher auf den Körper des betreffenden Sportlers als auf den im Buch angesprochenen ›Durchschnittskörper‹ abgestimmt zu sein.

Alle unsere Tätigkeiten sind unterschiedlichen Leistungsbereichen angepaßt. Sport betreibt man vor allem körperlich. Bei einigen Sportarten gibt es jedoch auch eine starke visuelle Komponente. Musiker benötigen und entwickeln ein hochgradiges auditives, Bildhauer und Zauberer ein taktiles Bewußtsein. Geschäftsleute setzen in erster Linie ein mentales Bewußtsein, aber sicherlich auch andere Bewußtseinsbereiche ein.

Diese ganze Erläuterung des Bewußtseins mag zunächst abschreckend erscheinen. Es entwickelt sich jedoch schnell durch einfache Übung und praktische Anwendung und dadurch, daß man gecoacht wird. Vielleicht wird es einfacher, wenn Sie auf die folgenden Definitionen zurückgreifen:

- Bewußtsein ist zu wissen, was um einen herum geschieht.
- Ich-Bewußtsein im Sinne von Selbstreflexion ist zu wissen, was man erlebt und erfährt.

Bewußtsein und Verantwortung

BEWUSSTSEIN und VERANTWORTUNG sind zwei für jedwede Leistung zweifelsohne entscheidende Fähigkeiten. Mein Goldmedaillenträger untersuchte für sein Buch *Sporting Excellence* 63 der weltbesten Sportler aus mehr als 20 verschiedenen Sportarten. Trotz erheblicher Abweichungen in anderen Bereichen erwiesen sich BEWUSSTSEIN und VERANTWORTUNG durchweg als die beiden wichtigsten Einstellungsmerkmale, die allen gemeinsam sind. Die Einstellung beziehungsweise die geistige Verfassung ist der Schlüssel zu jeder Leistung.

Der Kopf ist der Schlüssel

In seiner Untersuchung fragte David Hemery jeden Sportler, wie wichtig seiner Meinung nach der Kopf für die Ausübung seines Sportes sei. David schrieb: ›Das einstimmige Urteil fiel in etwa wie folgt aus: »Immens«, »Total«, »Das ist das ganze Spiel«, »Man spielt mit dem Kopf«, »Da kommt die körperliche Bewegung her« bzw. zumindest »Er ist genauso wichtig wie der Körper«.‹ Berufliche Spitzenleistungen erfordern nichts anderes. Der Kopf ist der Schlüssel.

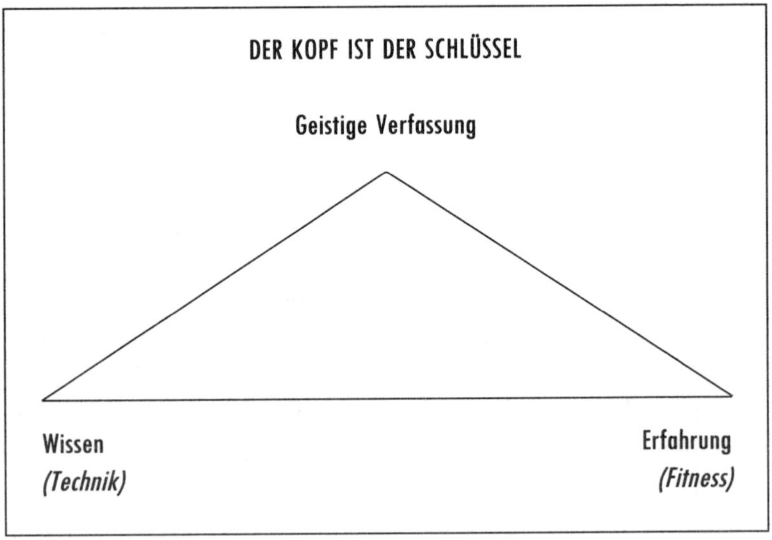

Wissen und Erfahrung sind vielleicht die beruflichen Äquivalente zur sportlichen Technik und körperlichen Fitness. Aber weder das eine noch das andere garantiert einen Spitzenplatz und ist unentbehrlich, wie viele erfolgreiche Menschen bewiesen haben. Eine Siegermentalität ist wesentlich.

Die Siegermentalität

Vor ungefähr einem Jahrzehnt arbeiteten die Coaches an den technischen Fähigkeiten und der Fitness für den jeweiligen Sport. Der Kopf wurde allgemein als nicht so wichtig eingestuft. Man wurde damit geboren. Der Coach konnte nicht viel daran ändern. Falsch! Die Coaches beeinflußten sehr wohl die geistige Verfassung ihrer Schützlinge, aber weitgehend unwissentlich und aufgrund ihrer autokratischen Methoden und ihrer Vernarrtheit in die Technik oft auch negativ.

Coaches verweigerten ihren Schützlingen Verantwortung, indem sie ihnen sagten, was sie zu tun hätten. Sie verleugneten ihr Bewußtsein, indem sie ihnen sagten, was sie sahen. Sie enthielten ihnen VERANTWORTUNG vor und vernichteten das BEWUSSTSEIN. Einige Coaches und auch viele Manager machen das immer noch so. Sie tragen sowohl zu den Leistungsgrenzen der Sportler oder Mitarbeiter wie auch zu ihren Erfolgen bei. Das Problem ist, daß sie vielleicht immer noch annehmbare Ergebnisse von ihren Schützlingen erhalten. Deshalb sind sie nicht motiviert, etwas anderes auszuprobieren. Sie wissen und glauben nie und nimmer, was sie mit anderen Mitteln erreichen könnten.

In den vergangenen Jahren hat sich im Sport viel verändert. Die meisten Spitzenteams beschäftigen Sportpsychologen, die die inneren Einstellungen der Sportler verändern sollen. Wenn alte Coaching-Methoden jedoch beibehalten werden, wird der Coach oft ungewollt die Anstrengungen des Psychologen zunichte machen. Die beste Methode, die für die Leistung ideale geistige Verfassung zu entwickeln und aufrechtzuerhalten, ist, BEWUSSTSEIN und VERANTWORTUNG kontinuierlich während täglicher Übungen und des Aneignungsprozesses der praktischen Fertigkeiten aufzubauen. Dafür ist eine Veränderung der Trainingsmethode, ein Wechsel von der Anweisung zum echten Coaching notwendig.

Die Parallelen zum Berufsleben sind nicht schwer zu ziehen. Der Kopf ist der Schlüssel. Die gewählte Management-Methode wird die geistige Verfassung der Gemanagten entweder verbessern oder verschlechtern. Wir haben die Wahl.

Interne oder Selbstmotivation

Das Geheimnis der Motivation ist die Gralsschüssel, die jeder Unternehmensleiter von Herzen gerne finden würde. Die Selbstmotivation findet natürlich im Kopf statt. Das ist kein Geheimnis. Wir wissen, daß der Kopf der Schlüssel ist, aber wo ist der Schlüssel zum Kopf? Motiviert zu sein, scheint beim Sport auch leichter zu fallen als im Berufsleben, obgleich viele Sportler und ihre Coaches die Motivation noch zu steigern suchen.

Im Sport: Sport zu treiben macht in der Regel mehr Spaß als zu arbeiten. Die externen Belohnungen sind unmittelbarer, glanzvoller und, wenn man ganz oben auf dem Treppchen steht, oft glückbringender und ruhmreicher. Wichtiger ist jedoch, daß alle sportlichen Leistungen letztlich ausschließlich in den Händen des Ausführenden liegen (vollständige Verantwortung). Darüber hinaus steht hinter der Entscheidung, Sport zu treiben, oft vor allem der Wunsch nach Selbstachtung und Identität. Dies bewirkt ein hohes Maß an Selbstmotivation. Damit haben wir alles, was es zum Gewinnen braucht.

Im Berufsleben: Im geschäftlichen Bereich ist der zu veranschlagende Zeitraum weitaus länger. Der Spaß an der Sache ist für die meisten fraglich, und über die De-Luxe-Version des GTI-Firmenwagens hinaus gibt es wenig, womit man sich schmücken könnte. Selbst die finanzielle Ernte fällt gewöhnlich nur für eine Minderheit reichhaltig aus. Yuppies versuchten, diesen Effekt umzukehren. Aber selbst sie wurden schnell zu einer gefährdeten Spezies, die sich kaum zu erhalten lohnte.

Welche Anhaltspunkte für die Motivation bleiben dann im Berufsleben übrig? Offensichtlich gibt es drei interne Motivatoren:

- Die Möglichkeit, wirklich Verantwortung zu übernehmen und frei zu entscheiden.
- Die Möglichkeit, Selbstachtung und Identität aufzubauen.
- Die Möglichkeit, das Gefühl zu erleben, daß man wirklich etwas beisteuern kann. Ein Wunsch, der in uns allen schlummert.

Die ersten beiden Motivatoren sind ohne weiteres in allen Unternehmensbereichen und auf allen Hierarchieebenen verfügbar. Vorausgesetzt, das Unternehmen wird nach den Prinzipien geführt, von denen das Coaching herrührt, und Coaching ist der verwendete Managementstil. Die externe Komponente dieser beiden Motivatoren ist Förderung. Da es jedoch in der Regel an der nötigen Zeit dazu fehlt, ist die interne Komponente unentbehrlich.

Der dritte interne Motivator ist ein großes Problem und liegt außerhalb der Reichweite unseres Themas. Er dürfte von den Werten, der Ethik und der Größe der Vision jedes einzelnen abhängen. Jeder, der an ausschließlich profitorientierten Projekten und Produkten arbeitet, die im Widerspruch zu seinen eigenen Werten stehen, wird jedoch einen inneren Konflikt erleben. Vielleicht kann er ihn unterdrükken, aber die Arbeit und sogar die Gesundheit mögen darunter leiden.

Dieser Punkt soll anhand einiger Beispiele illustriert werden. Wie auch immer man die Aktivitäten von Greenpeace beurteilt, ich vermute, Motivation ist kein großes Problem für diese Leute. Das trifft auf andere derartige Organisationen nicht unbedingt zu. Bei Oxfam, für die ich gelegentlich coachte, wurde der Idealismus der großen Vision, der die meisten Mitarbeiter so reizte, mühelos dadurch hinweggeschwemmt, daß man rund um die Uhr mit all den Problemen beschäftigt war, die sich beim Leiten einer Kette von 800 oder mehr kleinen Läden ergeben. Außendienstmitarbeiter sind dort leider in der Minderheit. Das Management von Oxfam stand vor der großen Aufgabe, sicherzustellen, daß alle Mitarbeiter an der Vision und ihrem motivierenden Einfluß teilhaben konnten, obwohl ihre täglichen Aktivitäten von Natur aus wenig anregend waren und sie schlecht bezahlt wurden.

Ein Unternehmen, das seinen Mitarbeitern echte Verantwortung überträgt und Möglichkeiten bietet, Selbstachtung aufzubauen, wird wenig Ärger haben, sie zu motivieren. Das ist mit der Entwicklung einer Coaching-Kultur gemeint. Ein Beispiel dafür findet sich in Kapitel 12.

5 Effektive Fragen

Wie lassen sich nun BEWUSSTSEIN und VERANTWORTUNG durch Coaching steigern? Überraschend viele Leute glauben, daß man den Menschen nur sagen müsse, sie sollen bewußt und verantwortlich sein. Aber so funktioniert es nicht. Wenn diese Methode überhaupt etwas bewirkt, dann Widerstand, oft in Form ausgesprochener oder unausgesprochener Reaktionen der Verärgerung wie ›Bin ich doch‹, ›Ich weiß‹, ›Natürlich‹, ›Was glaubst Du denn, was ich mache?‹.

Schaue auf den Ball

»Schaue auf den Ball«, wird man im Tennis immer wieder angewiesen. Aber das führt beim Spieler zu ständiger Irritation und bringt nur bei ein oder zwei Ballwechseln eine Verbesserung. »Schaue auf den Ball, habe ich gesagt. Wie oft soll ich Dir noch sagen, daß Du DEN BALL ANSCHAUEN sollst.« Das ist alles so vorhersehbar.

Aber wenn Sie der Coach fragen sollte, wohin der Ball springt, wenn er das Netz passiert hat, und wie hoch er dieses Mal über das Netz geht, ob Sie den Auftreffpunkt des Balls auf den Schläger sehen können oder wie oft Sie den Firmennamen auf dem Ball erkennen, nachdem er aufgesprungen ist, was würden Sie dann tun? Um diese Frage zu beantworten, müßten Sie auf den Ball schauen. Und Sie würden solange weiter auf den Ball schauen, wie neue Fragen kämen. Sie werden wahrscheinlich sogar so fasziniert sein von dem neu gewonnenen Bewußtsein, daß Sie sich noch lange, nachdem die Fragerei aufgehört hat, stark auf den Ball konzentrieren werden.

Fragen Sie und sagen Sie nicht

Die Frage bündelt die Aufmerksamkeit und steigert das Bewußtsein, nicht das Kommando ›schau den Ball an‹. Auch im Berufsleben sind es Fragen, die die Aufmerksamkeit auf etwas richten und Klarheit bringen. »Wie sieht unser gegenwärtiger Warenbestand aus?«, »Welches Problem ist für Sie am schwierigsten?«, »Wann wird der Ingenieur ankommen?« Das sind spezifische Fragen, die eine spezifische Antwort erfordern.

Im Tennis genügt es oft, sich stark auf den Ball zu konzentrieren, um eine beträchtliche Leistungssteigerung zu erreichen. Auch im Berufsleben bewirkt wahrscheinlich allein eine größere Klarheit, daß die Leute termingerechter und effektiver arbeiten und somit eine Leistungsverbesserung erreicht wird.

Wenn ich bei jemandem das Verantwortungsbewußtsein für eine Aufgabe erhöhen möchte, könnte ich einfach sagen: »Sie sind dafür verantwortlich« oder »Sie machen das«. Aber fühlen Sie sich dadurch wirklich dafür verantwortlich? Nein. Darin ist vielmehr eine versteckte Drohung enthalten. Sie werden es zu machen versuchen, um Ärger zu vermeiden. Aber was, wenn Sie es tun und es nicht funktioniert? Sie werden scharf erwidern: »Ich habe es genauso gemacht, wie Sie sagten, aber ...« oder »Ich wußte ja gleich, daß es so nicht klappen würde« oder sogar »Das habe ich Ihnen gleich gesagt«.

Um wieviel besser wäre es, wenn ich statt dessen ein oder zwei Fragen stellen würde. »Wer will das übernehmen?« »Trauen Sie es sich zu, das termingerecht erledigen zu können?«, »Fühlen Sie sich bei irgendetwas unsicher?«, »Sehen Sie irgendwelche Hindernisse?«, »Wann können Sie damit fertig sein?« Alle diese Fragen erzeugen Verantwortungsbewußtsein, sie erhöhen aber auch das Bewußtsein für andere Faktoren.

Diese Beispiele reichen wahrscheinlich aus, Sie zu überzeugen, daß Fragen besser geeignet sind, um BEWUSSTSEIN und VERANTWORTUNG zu bewirken, als bloßes Sagen. Daher arbeitet ein guter Coach vornehmlich mit Fragesätzen. Welches sind nun die effektivsten Fragen?

Die Funktion von Fragen

Fragen werden gewöhnlich gestellt, um Informationen zu erhalten. Ich benötige möglicherweise Informationen, um selbst ein Problem zu lösen oder wenn ich jemand anderem einen Rat anbiete oder eine Lösung vorschlage. Für mich als Coach sind die Antworten jedoch zweitrangig. Die Informationen brauche ich nicht selbst, und sie müssen auch nicht vollständig sein. Es ist für mich nur wichtig, zu wissen, daß der Gecoachte die notwendigen Informationen hat. Die Antworten des Gecoachten zeigen dem Coach oft, in welche Richtung die nächsten Fragen gehen sollten. Gleichzeitig kann er durch sie erkennen, ob sich der Gecoachte auf einem produktiven oder zweckentsprechenden Weg befindet, der in Einklang mit den Unternehmenszielen steht.

Fragewörter

Die wirksamsten Fragen zur Erhöhung des BEWUSSTSEINS und der VERANTWORTUNG beginnen mit quantifizierenden Wörtern wie WAS, WANN, WER, WIEVIEL, WIEVIELE. WARUM demotiviert. Es beinhaltet oft Kritik und ruft eine Verteidigungshaltung hervor. Und die unqualifizierte Verwendung von WARUM und WIE führt zu analytischem Denken, das kontraproduktiv sein kann. Analyse (Denken) und Bewußtsein (Beobachtung) sind unterschiedliche Denkmodi, die nicht gleichzeitig eingesetzt werden können. Wenn es auf die genaue Wiedergabe von Fakten ankommt, wird die Analyse ihrer Wichtigkeit und Bedeutung besser zeitweilig eingestellt. WARUM-Fragen umschreibt man besser durch »Was waren die Gründe ...?« und WIE-Fragen durch »Was sind die Schritte ...?« Sie führen zu spezifischeren, sachlicheren Antworten.

Konzentrieren Sie sich aufs Detail

Fragen sollten breit beginnen und dann zunehmend detaillierter werden. Dadurch werden die Konzentration und das Interesse des Gecoachten wachgehalten. Dies läßt sich gut anhand der Betrachtung eines Teppichausschnittes illustrieren. Nachdem man den Flor, die Farbe, das Muster und vielleicht einen Schmutzfleck näher betrachtet hat, wird der Teppich uninteressant. Man wendet seine Aufmerksamkeit anderen Dingen zu. Bekommt der Beobachter ein Vergrößerungsglas in die Hand, wird er ihn nochmals intensiver und länger anschauen, bevor ihm langweilig wird. Ein Mikroskop könnte dieses Stückchen Teppich in ein faszinierendes Universum von Formen, Strukturen, Farben, Mikroben und sogar lebenden Wanzen verwandeln und ist geeignet, Auge und Geist des Beobachters viele Minuten länger zu fesseln.

Das trifft auch auf das Unternehmens-Coaching zu. Der Coach muß tiefer beziehungsweise detaillierter eindringen, um den Gecoachten bei der Stange zu halten und ihm die teilweise oft verborgenen Faktoren bewußt zu machen, die bedeutsam sein können.

Interessengebiete

Wie ermittelt nun der Coach, welche Aspekte eines Problems wichtig sind, besonders dann, wenn es sich um ein Gebiet handelt, über das er nicht besonders Bescheid weiß? Fragen sollten prinzipiell dem Interesse und dem Gedankenfluß des Gecoachten, nicht des Coaches folgen. Das ist wichtig, wenn auch ein bißchen kontrovers. Wir werden dieses Thema in Kapitel 6 ausführlicher behandeln. Es kann für den Coach paradoxerweise auch nützlich sein, sich auf einen Aspekt zu konzentrieren, dem der Gecoachte auszuweichen scheint. Um nicht das Vertrauen des Gecoachten zu verletzen und sein Verantwortungsbewußtsein zu zerstören, beginnt man sich deshalb am besten durch eine Feststellung und eine anschließende Frage vorzutasten: »Ich merke, daß Sie ... nicht erwähnt haben ... Gibt es irgendwelche Gründe dafür?«

Blinder Fleck

Golfer und Tennisspieler sind vielleicht an den körperlichen Parallelen zu diesem Prinzip interessiert. Ein Coach könnte einen Schützling fragen, welchen Teil seines Schlages oder Schwunges er gefühlsmäßig am schwierigsten findet beziehungsweise welchen er sich am wenigsten bewußt ist. Sehr wahrscheinlich liegt in diesem ›blinden Fleck‹ eine unterdrückte Unbehaglichkeit oder ein Bewegungsfehler verborgen. Wenn der Coach das Bewußtsein immer stärker auf diesen Punkt lenkt, wird das Gefühl dafür wiederhergestellt. Es erfolgt eine natürliche Korrektur, ohne daß der Coach technisch eingreifen muß. Die heilenden Eigenschaften des Bewußtseins sind Legion!

Offene Fragen

OFFENE Fragen erfordern schließlich beschreibende Antworten und fördern somit das Bewußtsein. GESCHLOSSENE Fragen sind dagegen zu kategorisch für genaue Antworten. JA- oder NEIN-Antworten blocken die Ermittlung weiterer Details ab. Offene Fragen sind viel effektiver, um im Coaching-Prozeß BEWUSSTSEIN und VERANTWORTUNG zu erzeugen.

6 Die Rolle des Coaches

Der Coach ist kein Problemlöser, Lehrer, Berater, Ausbilder und nicht einmal ein Experte. Er ist ein Resonanzboden, Förderer, Ratgeber, er läßt das Bewußtsein wachsen. Diese Begriffe sollten Ihnen zumindest helfen, die Rolle des Coaches besser zu verstehen.

Die Qualitäten eines Coaches

Auf unseren Coaching-Seminaren bitten wir die Teilnehmer, die Eigenschaften eines idealen Coaches aufzuschreiben. Die folgende Liste ist typisch und spiegelt auch meine Meinung wider:

- geduldig
- objektiv
- unterstützend
- interessiert
- ein guter Zuhörer
- scharfsichtig
- erkennend
- selbstreflektierend
- aufmerksam
- zurückhaltend

Oft werden auch einige der folgenden Begriffe genannt:

- Technische Sachkenntnis
- Wissen
- Erfahrung
- Glaubwürdigkeit
- Maßgeblichkeit

Der Coach als Experte

Ich stimme den letztgenannten Eigenschaften nicht unbedingt zu. Braucht der Coach wirklich Erfahrung oder technische Sachkenntnis auf dem Gebiet, in dem er coacht? Die Antwort ist nein. Er braucht sie nicht, wenn er wirklich unvoreingenommen bewußtseinsfördernd wirkt. Wenn er jedoch von dem, wofür er eintritt, nicht vollständig überzeugt ist, das heißt vom Potential seines Schützlings und dem Wert der Eigenverantwortung, dann wird er glauben, er brauche Sachkenntnis, um coachen zu können. Ich behaupte nicht, daß er Expertenwissen immer zurückhalten sollte. Der weniger gute Coach setzt es aber tendenziell zu oft ein und verringert dadurch den Wert seines Coaching. Denn jedes dem Gecoachten zur Verfügung gestellte Expertenwissen reduziert dessen Verantwortung.

Die Fallstricke des Wissens

Das Ideal wäre ein Coaching-Experte, der zusätzlich über ein umfassendes Sachwissen verfügt. Für Experten ist es jedoch ungemein schwierig, mit ihrem Wissen soweit hinter dem Berg zu halten, daß sie noch gut coachen. Ich möchte das anhand eines Beispiels aus dem Tennis verdeutlichen. Vor vielen Jahren waren einige unserer Kurse für Inner Tennis dermaßen überbelegt, daß uns die dafür ausgebildeten Coaches ausgingen. Wir nahmen deshalb zwei Coaches für Inner Ski. Wir staffierten Sie wie Tennis-Coaches aus, drückten ihnen einen Schläger in die Hand und entließen sie mit dem Versprechen, ihn unter keinen Umständen zu benutzen.

Zu unserer Überraschung unterschied sich ihre Coachingarbeit nicht nur kaum merklich von der ihrer tennisspielenden Kollegen, bei manchen bemerkenswerten Dingen war sie sogar eindeutig besser. Nach einigem Nachdenken wurden die Gründe dafür klar. Die Tennis-Coaches sahen bei den Teilnehmern ihre technischen Fehler. Die Ski-Coaches, die diese Fehler nicht erkennen konnten, sahen, wie effektiv die Teilnehmer ihren Körper benutzten. Körperliche Ineffizienz ist die Folge von Selbstzweifel und unzulänglichem Körperbewußtsein. Die Ski-Coaches packten daher die Probleme an der Wurzel an, während die Tennis-Coaches nur die Symptome, die technischen Fehler, behandelten. Dadurch sahen wir uns gezwungen, die Tennis-Coaches stärker in der Richtung zu trainieren, daß sie ihr Sachwissen besser ausklammern konnten.

Eine Stufe tiefer

Wir wollen dasselbe anhand eines einfachen Beispiels aus dem Unternehmensbereich betrachten. Eine Managerin beobachtete, daß einer ihrer Mitarbeiter, George, nicht genügend mit seinen Kollegen aus der Nachbarabteilung kommunizierte. Sie wußte, daß ein wöchentlicher Tätigkeitsbericht die Lösung war. Der Bericht würde jedoch so lange inadäquate Informationen enthalten, wie George sich widersetzte, mit den Kollegen zu sprechen. Anstatt sich damit zufriedenzugeben, daß George mit einem derartigen Bericht einverstanden war, coachte die Managerin ihn dahin, daß er seinen Widerstand erkannte und aufgab. Die fehlende Kommunikation war das Symptom, der Widerstand hingegen die Ursache. Probleme können nicht auf der Ebene gelöst werden, auf der sie auftreten, sondern nur eine Stufe tiefer.

Der Manager – Experte oder Coach?

Für einen Manager ist es schwierig, aber keineswegs unmöglich, ein guter Coach zu sein. Das Sachwissen ist natürlich für viele andere Aspekte der Arbeit eines Managers von unschätzbarem Wert. Genaugenommen ist der Manager höchstwahrscheinlich sowieso ein Experte. Aber nehmen Sie den Fall eines Topmanagers in einer Organisation, die ihre Arbeitsvorgänge teilweise auf EDV umstellt. Ist er ein guter Coach, sollte er keine Schwierigkeiten damit haben, seine Mitarbeiter in Sachen Weiterentwicklung ihrer EDV-Kenntnisse zu coachen, ob er das neue System nun versteht oder nicht. Sobald er das tut, werden jegliche Zweifel an seiner Glaubhaftigkeit, die von seiten einiger Mitarbeiter bestehen könnten, schnell verschwinden. Er wird diese Abteilung weiterhin leiten können. Coaching kann zu einer unabdingbaren Voraussetzung für Manager werden, sobald die Fertigkeiten spezialisierter und technisch komplexer werden.

Lenkende Fragen: Wir können uns nun dem zuwenden, was man den rein fördernden Aspekt des Coaching nennen könnte, allen voran dem Stellen von Fragen. Fragen müssen in einem ruhigen, nicht-kritischen Tonfall erfolgen. Viele bedauernswerte Coaches flüchten sich in lenkende Fragen. Sie zeigen an, daß der Coach nicht an das glaubt, was er zu tun versucht. Der Gecoachte wird das schnell merken. Das Vertrauen läßt nach, und die Coaching-Sitzung verliert an

Wert. Der Coach tut besser daran, dem Gecoachten zu sagen, daß er einen Vorschlag hat, anstatt zu versuchen, ihn in diese Richtung zu manipulieren. Auch Fragen, die Kritik beinhalten, sollten vermieden werden, wie z. B. ›Warum um Himmels willen hast Du das getan?‹

Dem Interesse des Gecoachten folgen: Fragen sollten soweit wie möglich dem Interesse des Gecoachten folgen. Wenn der Coach die Richtung der Fragen bestimmt, wird er das Verantwortungsbewußtsein des Gecoachten allmählich zugrunde richten. Aber was ist, wenn die Richtung, in die der Gecoachte geht, in eine Sackgasse oder ins Abseits führt? Vertrauen Sie darauf, daß der Gecoachte das schnell selbst herausfinden wird. Wenn er etwas, an dem er interessiert ist, nicht selbst erforschen darf, bleibt die Faszination wahrscheinlich bestehen. Sie führt zu Verwicklungen oder Ablenkungen in der Arbeit selbst, keineswegs bloß in der Coaching-Sitzung. Ist er erst einmal seinem Interesse auf den Grund gegangen, wird er viel mehr bei der Sache sein und sich auf den Weg konzentrieren, der sich als der beste herauskristallisiert.

Achten Sie auf die Antworten: Der Coach muß genau auf die Antworten des Gecoachten achten. Sonst geht nicht nur das Vertrauen verloren, sondern er weiß auch nicht, wie die nächste Frage am besten lauten sollte. Der Frageprozeß muß spontan ablaufen. Fragen, die man sich vorher zurechtgelegt hat, unterbrechen den Fluß und folgen nicht dem Interesse des Gecoachten. Wenn sich der Coach die nächste Frage überlegt, während der Gecoachte spricht, wird dieser bemerken, daß er nicht wirklich zuhört. Es ist viel besser, ihn zunächst ganz anzuhören und dann, wenn nötig, eine Pause zu machen, bis einem die nächste passende Frage einfällt.

Die meisten Menschen können anderen nicht gut zuhören. In der Schule wurden wir angehalten, hinzuhören. Wir wurden aber nicht darauf trainiert oder gecoacht. Es ist eine Fertigkeit, die Konzentration und Übung erfordert. Seltsamerweise ist es jedoch für die wenigsten schwierig, den Nachrichten oder ihrer Lieblingssendung im Radio zuzuhören. Interesse hält die Aufmerksamkeit wach; vielleicht müssen wir lernen, an anderen interessiert zu sein. Jeder schätzt es, wenn ihm wirklich jemand zuhört. Aber wenn wir zuhören, hören wir dann auch wirklich hin? Wenn wir etwas betrachten, sehen wir wirklich hin? Wir betrügen uns selbst und die, die wir coachen, wenn wir sie nicht wirklich hören und sehen, und damit meine ich, Augenkontakt mit ihnen halten. Die Verbohrtheit in die eigenen Gedanken und Meinungen und der Zwang zu sprechen, besonders wenn man sich in irgendeiner Beraterrolle befindet, ist stark. Jemand hat einmal gesagt, da wir zwei Ohren und einen Mund haben, sollten wir zweimal soviel zuhören wie sprechen. Vielleicht ist das Schwierigste, was ein Coach lernen muß, den Mund zu halten!

Tonfall: Auf was hören wir? Der Tonfall des Gecoachten verweist auf eine bestimmte Emotion und sollte beachtet werden. Eine monotone Stimme zeigt vielleicht die Wiederholung eines alten Gedankenganges an, eine lebhaftere das Erwachen neuer Ideen. Welche Wörter der Gecoachte verwendet, kann sehr aufschlußreich sein: ein Vorherrschen negativer Ausdrücke, ein Wechsel ins Formale oder in die Kindersprache hat immer seine versteckte Bedeutung und kann dem Coach helfen, zu verstehen und damit die Effektivität zu fördern.

Körpersprache: Genauso wie der Coach zuhören muß, muß er auch die Körpersprache des Gecoachten beobachten. Dabei geht es nicht darum, oberflächliche Beobachtungen zu machen, sondern wiederum, die richtigen Fragen zu finden. Ist der Gecoachte sehr an der Richtung des Coaching interessiert, so zeigt sich das oft durch eine nach vorn gerichtete Haltung. Unsicherheit oder Ängstlichkeit bei den Antworten wird vielleicht dadurch enthüllt, daß seine Hand beim Sprechen teilweise den Mund bedeckt. Sind die Arme über der Brust verschränkt, so läßt das oft auf Widerstand oder Trotz schließen, während eine offene Körperhaltung Empfänglichkeit und Flexibilität andeutet. Ich werde hier nicht tiefer auf die vielfältigen Aspekte der Körpersprache eingehen. Sie können jedoch davon ausgehen, wenn die Worte das eine sagen und der Körper anscheinend etwas anderes ausdrückt, daß dann viel wahrscheinlicher der Körper die wahren Gefühle anzeigt.

Reflexion: Zum Coaching gehört es also, hinzuhören, zu beobachten und zu verstehen. Der Coach muß sich zudem seiner selbst gewahr sein, um zu wissen, was er tut. Wie klar er sich darüber jedoch auch selbst sein mag, von Zeit zu Zeit lohnt es sich, es dem Gecoachten gegenüber widerzuspiegeln und wichtige Punkte zusammenzufassen. Das garantiert richtiges Verständnis und gibt dem Gecoachten die Sicherheit, daß er wirklich gehört und verstanden wird. Er erhält dadurch auch nochmals die Möglichkeit, die Richtigkeit seiner Aussagen zu überprüfen. Es sei dem Coach auch empfohlen, sich dabei Notizen zu machen, aus diesen und anderen Gründen, die ich später zur Sprache bringen werde.

Selbstreflexion: Ein guter Coach wird schließlich auch sein Wissen über sich selbst dazu verwenden, seine Reaktionen und Emotionen auf sowie seine Beurteilung der Antworten des Gecoachten sorgfältig zu beobachten, einschließlich derer, die ihm persönlich gelten und sich störend auf die notwendige Objektivität und den Abstand des Coaches auswirken könnten. Unsere eigene psychologische Geschichte und unsere Vorurteile, und keiner ist frei davon, beeinflussen unsere Kommunikation.

Diese psychologischen Verzerrungen werden unter den Begriffen Projektion und Übertragung zusammengefaßt. Alle, die andere lehren, führen, coachen oder managen, müssen lernen, sie zu erkennen und zu minimieren. Projektion bedeutet, seine eigenen positiven oder negativen Charakterzüge oder Eigenschaften auf jemand anderen zu projizieren oder bei ihm wahrzunehmen. Übertragung ist ›der Transfer von in der eigenen Kindheit mit wichtigen Personen erfahrenen Gefühls- und Verhaltensmustern auf Individuen in einer gegenwärtigen Beziehung‹. Am Arbeitsplatz tritt dies am häufigsten in Form des Autoritätstransfers zutage.

In jeder wahrgenommenen hierarchischen Beziehung wie Manager/Untergebener oder sogar Coach/Gecoachter sind die Probleme oder unbewußten Gefühle wirksam, die beide Parteien hinsichtlich Autorität besitzen. Viele Menschen geben beispielsweise ihre Macht an die designierte Autorität ab – ›er weiß es, kann alles beantworten, ist erfahrener‹ usw. Sie machen sich gegenüber dieser Person klein und kindlich. Damit könnte den Wünschen eines autokratischen Managers nach Dominanz und Abhängigkeit anderer gedient sein. Es arbeitet jedoch dem Ziel des Coaching entgegen, das Verantwortungsbewußtsein in dem Gemanagten erzeugen soll.

Ein anderes gängiges Beispiel für eine Übertragungsreaktion auf die Autorität ist Rebellion und heimliche Sabotage der Arbeitsziele. Individuelle Übertragung erhöht die kollektive Frustration und führt zu Ohnmachtsgefühlen, wo auch immer der Managementstil die Wahlfreiheit einschränkt.

Ein bedeutender Motorenhersteller leitete die Güte der Arbeitsbeziehungen immer aus dem Prozentsatz guter Teile ab, die in die Abfallbehälter neben dem Fließband geworfen wurden.

Gegenübertragung, eine weitere Komplikation der Übertragung, passiert dann, wenn die Autoritätsperson, der Manager oder Coach, seinerseits unbewußt auf die Übertragung aus ihrer eigenen Geschichte reagiert, indem sie die Abhängigkeit oder Rebellion dauerhaft fortbestehen läßt. Ein guter Manager oder Coach erkennt die Gefahr und versucht, ihr zu entgehen, indem er bewußt daran arbeitet, die Untergebenen oder Gecoachten mit mehr Autorität auszustatten. Tut er es nicht, werden sich diese Verzerrungen in die Führungs- oder Coaching-Beziehungen einschleichen und auf diese Weise langfristig die Ziele seines Managementstils nachhaltig untergraben.

7 Die Fragenfolge

Wir haben gesehen, wie wichtig BEWUSSTSEIN und VERANTWORTUNG für das Lernen und die Leistungsverbesserung sind. Wir haben den Kontext des Coaching, die Parallelen zwischen Coaching und Managing sowie die Unternehmenskultur und den Unternehmenswandel betrachtet. Wir haben die Rolle und Einstellung des Coaches untersucht und über das Fragen als seine vorrangige Kommunikationsform nachgedacht. Wir müssen nun bestimmen, wonach und in welcher Reihenfolge gefragt werden soll.

Formal oder informal? Coaching kann so lose gehandhabt und informal sein, daß der Gecoachte nicht einmal weiß, daß er gecoacht wird. Coaching eignet sich vorzüglich für die täglichen Besprechungen eines Managers mit seinen Mitarbeitern. Es sollte allerdings nicht als solches erkennbar sein. Es ist einfach Managing. Coaching ist dann kein Werkzeug des Managements mehr, sondern wird einfach zur Methode, Leute zu managen. Meiner Meinung nach der wirksamste Ansatz. Andererseits kann eine Coaching-Sitzung so durchgeplant und strukturiert werden, daß der Zweck und die Rollen eindeutig festgelegt sind. Coaching findet meistens auf die erstgenannte Weise statt. Dennoch werden wir den letzteren Typus genauer untersuchen. Der Prozeß ist zwar der gleiche, der Ablauf ist jedoch weitaus schärfer definiert.

Die Grundlagen des Coaching

Der Einfachheit und Klarheit halber wollen wir im folgenden das Coaching zwischen zwei Beteiligten betrachten. Team-Coaching, ja sogar Selbst-Coaching läuft jedoch nach exakt demselben Schema ab. Beide werden in späteren Kapiteln behandelt. Ein Coaching mit zwei Beteiligten kann zwischen Gleichrangigen, zwischen einem Manager und seinem Untergebenen, einem ehemaligen Lehrer und einem Schüler, einem Coach und einem Ausführenden oder zwischen einem Berater und einem um Unterstützung Nachsuchenden stattfinden. Es kann sogar, allerdings in der Regel verdeckt, von unten nach oben erfolgen, etwa durch einen Angestellten gegenüber seinem Chef. Da es bekanntlich im allgemeinen nicht viel bringt, seinem Chef Anweisungen zu erteilen, ist dagegen die Erfolgsquote beim Coaching von unten nach oben ungleich höher!

GROW

Ich schlage für die Fragenfolge vier unterschiedliche Bereiche vor:

- Die Festsetzung des Sitzungs- sowie des kurz- und langfristigen ZIELS [GOAL setting].
- REALITÄTSprüfung zur Klärung der aktuellen Situation [REALITY checking).

- OPTIONEN und alternative Strategien oder Handlungsabläufe [OPTIONS].
- WAS muß WANN von WEM getan werden, sowie der WILLE dazu [WHAT, WHEN, WHO, WILL].

Daraus fügt sich das mnemotechnische GROW zusammen, auf das ich mich noch oft beziehen werde. Es muß jedoch immer wieder betont werden, daß GROW ohne den Kontext des BEWUSSTSEINS und der VERANTWORTUNG sowie der Fertigkeit, Fragen so zu stellen, daß sie beides hervorrufen, ziemlich wertlos ist. Mnemotechnik ist im Trainingsgeschäft gang und gäbe. Es gibt SPIN und SMART (bezogen auf Ziele) ... und eben GROW. Sie werden gelegentlich als Allheilmittel gegen jegliche Unternehmenskrankheiten dargestellt beziehungsweise mißverstanden. Sie sind nichts dergleichen. Sie sind nur so wertvoll wie der Kontext, in dem sie benutzt werden. Und der Kontext von GROW ist BEWUSSTSEIN und VERANTWORTUNG.

Ein autokratischer Chef könnte seinen Mitarbeitern folgendes vorwerfen:

Ich habe mir zum ZIEL gesetzt, diesen Monat eintausend von diesen Dingern da zu verkaufen.
Die REALITÄT ist, daß Ihr letzten Monat gerade mal vierhundert verkauft habt. Ihr seid faul. Unser Hauptkonkurrent hat ein besseres Produkt, also müßt Ihr Euch mehr ins Zeug legen.
Ich bin alle OPTIONEN durchgegangen. Wir werden unsere Werbung nicht verstärken, und wir werden auch unser Produkt nicht neu verpacken.
WAS Ihr gefälligst tun WERDET, ist ...

Den Buchstaben nach ist er dem GROW-Modell gefolgt. Er stellte jedoch keine einzige Frage. Er erzeugte kein BE-

WUSSTSEIN. Er denkt zwar, seine Drohung würde die Mitarbeiter zur Übernahme von Verantwortung zwingen, aber dem ist nicht so. Sie hatten nämlich keine Wahl.

Kontext und Flexibilität

Wenn Ihnen dieses Buch überhaupt etwas näher bringt, dann soll es BEWUSSTSEIN und VERANTWORTUNG sein, nicht GROW. Dessen ungeachtet ist das stärkste Argument dafür, sich nach der GROW-Folge mit effektiven Coaching-Fragen zu richten, daß sie funktioniert.

Sie unterliegt jedoch einem Kreislauf. Bis man die REALITÄT genauer untersucht hat, kann man vielleicht nur ein vages ZIEL formulieren. Man muß dann erst einmal zurückgehen und das Ziel viel präziser definieren, bevor man weitermacht. Selbst ein klar umrissenes AnfangsZIEL kann als falsch oder unpassend erkannt werden, wenn die REALITÄT erst einmal deutlich ist.

Wenn man die OPTIONEN aufgelistet hat, muß man noch einmal überprüfen, ob auch jede tatsächlich näher an das gewünschte ZIEL heranführt. Bevor schließlich das WAS und WANN konkretisiert werden, ist eine letzte Kontrolle unabdingbar, um zu sehen, ob sie einen ans ZIEL bringen.

Wir werden nun der Reihe nach jeden dieser Schritte näher betrachten und die Fragen unter die Lupe nehmen, die jeweils am besten BEWUSSTSEIN und VERANTWORTUNG hervorrufen.

8 Die Zielsetzung

Über die Bedeutung und den Prozeß der Zielsetzung wurde bereits so viel geschrieben, daß sicherlich kein Bedarf besteht, alles in einem Buch über Coaching zu wiederholen. Ich möchte dennoch jene Aspekte, die ich als besonders wichtig für den Coaching-Prozeß erachte, kurz durchgehen.

Das Ziel der Sitzung

Eine Coaching-Sitzung beginnt jeweils mit der Festlegung eines Ziels für diese Sitzung selbst. Wollte der Gecoachte die Sitzung, muß selbstverständlich er seine Wünsche definieren. Aber selbst wenn der Coach oder der Manager um die Sitzung gebeten hat, um ein spezielles Problem vorzubringen und zu lösen, kann der Gecoachte noch befragt werden, ob er irgendwelche andere Themen wünscht. Fragen wie

- Was erhoffen Sie sich von dieser Sitzung?
- Ich habe eine halbe Stunde Zeit dafür. Was möchten Sie bis dahin erreicht haben?
- Womit würde Ihnen diese Sitzung am meisten nützen?

führen gewöhnlich zu Antworten wie:

- Einen Übersichtsplan für den Monat, den ich ausarbeiten kann.
- Eine klare Vorstellung über meine nächsten beiden Handlungsschritte, auf die ich mich festlege.
- Eine Entscheidung über den einzuschlagenden Weg.
- Ein Verständnis der eigentlichen Grundprobleme.
- Ein genehmigtes Arbeitsbudget.

Die Zielvorgabe

Bei dem Ziel oder den Zielen, die man sich vorgibt, muß man zwischen ENDzielen und LEISTUNGSzielen unterscheiden können.

Ein Endziel: Endziele sind zum Beispiel: Marktführer zu werden, zum Verkaufsdirektor aufzusteigen, einen vergleichsweise hohen Jahresabschluß zu schaffen, die Goldmedaille zu gewinnen. Sie unterliegen jedoch selten gänzlich der eigenen Kontrolle. Man kann nicht wissen oder kontrollieren, was der Konkurrent tun wird.

Ein Leistungsziel: Durch die Bestimmung der Leistungsebene, die Sie erreichen wollen, haben Sie eine sehr gute Chance, ans Endziel zu gelangen. Sie unterliegt weitgehend Ihrer Kontrolle und ist überhaupt ein Mittel, um Fortschritt zu messen. Leistungsziele wären beispielsweise, daß 95% der Produktion die Qualitätskontrolle gleich beim ersten Mal passieren soll oder wir nächsten Monat 100 Geräte verkaufen oder bis Ende September die 1000 Meter in zweieinhalb Minuten laufen werden. Es ist wesentlich einfacher, sich auf ein Leistungsziel, das unter Ihrer Kontrolle ist, festzulegen und die Verantwortung dafür zu übernehmen, als auf ein Endziel, über das Sie keine Kontrolle haben. Wann immer möglich, sollte sich ein Endziel auf ein Leistungsziel stützen. Das Endziel liefert vielleicht die Inspiration. Das Leistungsziel bestimmt jedoch die einzelnen Schritte.

Leistungsziele sind entscheidend: Das Fehlen eines Leistungsziels war im wesentlichen der Grund für die bekannte Bestürzung, die Großbritannien bei der Olympiade 1968 erlebte. Der Waliser Lynn Davies hatte 1964 die Goldmedaille im Weitsprung gewonnen. Man erwartete, daß er, der Russe Igor Ter-ovanesyan und Ralph Boston, der amerikanische Meister, die Medaillen unter sich ausmachen würden. Doch es kam anders. Bob Beamon, ein völlig unberechenbarer Amerikaner, übertraf bereits im ersten Durchgang den bis dahin gültigen Weltrekord um mehr als sechzig Zentimeter. Wenn man bedenkt, daß der Weltrekord seit 1936 nur um fünfzehn Zentimeter verbessert worden war, war dies wirklich eine ungeheure Leistung. Davies, Boston und Ter-ovanesyan waren völlig demoralisiert. Obgleich Boston die Bronzemedaille gewann und der Russe Vierter wurde, blieben beide über fünfzehn Zentimeter hinter ihrer Bestmarke zurück. Davies, der gut dreißig Zentimeter unter seiner Bestleistung lag, räumte ein, daß er sich nur auf Gold konzentriert hatte. Wenn er sich ein Leistungsziel oder eine persönliche Bestmarke von, sagen wir, 8,20 Meter gesetzt und diese angepeilt hätte, hätte er die Silbermedaille gewonnen.

Eigene Ziele

Obgleich Unternehmensdirektoren ihre eigenen Ziele frei wählen können, setzen sie allzuoft Ziele einfach von oben nach unten in Befehlsmanier durch und lassen kein Hinterfragen zu. Dadurch verweigern sie denjenigen, die sie erreichen sollen, das Recht, die Ziele zu ihrer eigenen Sache zu machen. Deren Leistung wird folglich wahrscheinlich leiden. Kluge Direktoren werden nach einer gesunden Objektivität gegenüber ihren eigenen Zielen streben, wenn sie versuchen, ihre Manager zu motivieren. Sie werden sie, wann immer möglich, darin bestärken, sich eigene lockende Ziele zu setzen. Aber selbst wenn dem nicht so ist und die Arbeit so richtig verachtet wird, ist noch nicht alles gänzlich verloren. Zumindest der Produktionsmanager ist vielleicht imstande, seinen Mitarbeitern gewisse Freiheiten und Selbständigkeiten dahingehend einzuräumen, wie eine Arbeit verrichtet wird. Wer was wann tut.

Coaching zu eigenen Zielen

Selbst wenn ein bestimmtes Ziel ein absolutes Muß ist, ist es noch möglich, die Mitarbeiter dahin zu coachen, daß sie das Ziel zu ihrer eigenen Sache machen. Ich diskutierte kürzlich mit einer Polizeitruppe über Schußwaffentraining. Sie fragten, wie es möglich sei, daß sich Polizeischüler die absolut gültigen, unflexiblen Sicherheitsregeln für den Schußwaffengebrauch zu eigen machen. Ich schlug vor, sie nicht gleich zu Beginn mit diesen Regeln zu beglücken. Vielmehr sollten sie eine Diskussion unter Verwendung des Coaching abhalten, im Laufe derer sie sich ihre eigenen, von allen mitgetragenen Sicherheitsregeln schaffen. Die Chancen sind gut, daß diese weitgehend mit den institutionalisierten übereinstimmen. Wo sie abweichen sollten, könnte der Tutor mit minimalem Einsatz die Gründe dafür bei den Polizeischülern durch Coaching beseitigen. Sie würden dann die institutionalisierten Sicherheitsregeln viel eher anerkennen, verstehen und zu ihrer eigenen Sache machen.

Wessen Ziel?

Der Wert von Wahlfreiheit und Verantwortung für die Selbstmotivation sollte nie unterschätzt werden. Wenn beispielsweise ein Vertriebsteam ein niedrigeres Ziel ansetzt als der Chef, sollte er die Konsequenzen sehr sorgfältig überdenken, bevor er sich über ihre Verkaufszahlen hinwegsetzt und ihnen seine eigenen aufdrängt. Es könnte besser für ihn sein, seinen Stolz hinunterzuschlucken und ihre Zahlen zu akzeptieren. Beharrt er auf seinen, kann das durchaus zur Folge haben, daß sich die Leistung des Teams verringert, obwohl sein Ziel höher war als ihres. Selbst wenn sie seine Zahlen gar nicht für entmutigend unrealistisch halten, werden sie sicherlich durch die fehlende Wahlmöglichkeit demotiviert sein. Natürlich besitzt der Chef, wenn er sich seiner Sache sicher ist, eine Option mehr. Daß heißt, er beginnt mit den Stückzahlen der Gruppe und coacht sie aufwärts, indem er ihre Barrieren, die einer höheren Leistung im Wege stehen, ermittelt und den Mitarbeitern hilft, sie zu überwinden. Sie behalten somit die Verantwortung für die schließlich akzeptierten Zahlen.

Eigenschaften eines guten Ziels

Um ein nicht kontrollierbares Endziel auf ein kontrollierbares Leistungsziel zu stützen, müssen Ziele überdies nicht nur SMART

- Spezifisch [Specific]
- Meßbar [Measurable]
- Erreichbar [Attainable]

- Realistisch [Realistic]
- Zeitlich gegliedert [Time phased],

sondern auch PURE

- Positiv formuliert [Positively stated]
- Verstanden [Understood]
- Relevant [Relevant]
- Moralisch [Ethical]

und CLEAR

- Lockend [Challenging]
- Legal [Legal]
- Umweltverträglich [Environmentally sound]
- Akzeptiert [Agreed]
- Protokolliert [Recorded]

sein.

Der Vorzug eines Ziels, das die meisten dieser Eigenschaften erfüllt, versteht sich von selbst. Ein paar Bemerkungen sind vielleicht trotzdem angebracht.

Wenn ein Ziel nicht ERREICHBAR ist, besteht keine Hoffnung, aber wenn es nicht LOCKT, motiviert es nicht. In diesen Rahmen sollten sich alle Ziele einfügen.

Es ist sehr wichtig, daß Ziele immer POSITIV formuliert werden. Was passiert, wenn ein Ziel negativ formuliert ist, zum Beispiel: Wir dürfen mit unseren Verkäufen nicht länger am unteren Ende der regionalen Vergleichsliste stehenbleiben. Worauf konzentriert sich die Aufmerksamkeit? Natürlich darauf, daß wir ›am unteren Ende der Vergleichsliste stehen‹! Wenn ich zu Ihnen sage, denken Sie nicht an einen roten Ballon, woran denken Sie dann besonders? Oder wenn ich zu einem Kind sage, laß das Glas nicht fallen, verschütte das Wasser nicht, mach keinen Fehler? Mein Lieblingsbeispiel entstammt dem Kricket. Ein Dreistabtor fällt, und ein Spaßvogel sagt genau in dem Moment zum nächsten Schlagmann, wenn dieser den weißen Lattenzaun durchläuft: ›Schlag' den ersten Ball nicht ins Aus‹. Den ganzen lieben langen Weg zur Schlaglinie wird er nun daran denken, den ersten Ball nur nicht ins Aus zu schlagen, aber genauso kommt es dann. Negative Ziele können sehr einfach in positive umgekehrt werden. Zum Beispiel: ›Wir streben zumindest den vierten Platz in der Liste an‹ beziehungsweise ›Ich werde den ersten Ball abblocken, wie schwer es auch sein mag‹.

Ziele müssen von allen Beteiligten AKZEPTIERT sein: Vom Chef, der glaubt, sie setzen zu müssen, vom Verkaufsleiter und seinem Team, das die Arbeit tun muß. Ohne Zustimmung bleibt die alles entscheidende Verantwortung des Verkaufsteams für das Ziel auf der Strecke, und seine Leistung wird entsprechend leiden.

Es klingt vielleicht wie eine Moralpredigt, darauf hinzuweisen, daß Ziele LEGAL, MORALISCH und UMWELTVERTRÄGLICH sein sollten. Aber jeder hat seinen eigenen persönlichen Kodex dafür. Der einzige Weg, der die Mitarbeiter garantiert auf einen Nenner bringt, ist eine Anpassung an die höchsten Standards. Außerdem wiegen die neue Betonung auf Verantwortlichkeit in der Geschäftswelt und in der Gesellschaft insgesamt sowie die Konsequenzen der Enthüllungen durch die wachsamen und alles ausposaunenden Umwelt- und Verbraucherschützer sicherlich schwerer als irgendein kurzfristiges Ziel, das den Skrupellosen in Versuchung bringen könnte! In seinem Buch *Sporting Excellence* zitiert David Hemery Sir Michael Edwardes mit den folgenden Worten:

Sie werden die TOP-Leute nicht dazu bringen, mit Ihnen zu arbeiten, wenn Sie nicht allerhöchste Maßstäbe an die geschäftliche Integrität legen. Wenn Sie das, was sie einsparen können, wenn Sie diesen Weg verlassen, auf 1 000 Pfund veranschlagen, dann wird der Schaden, den Sie durch die Demotivierung guter Leute anrichten, bei 20 000 Pfund liegen.

Es bedarf sicherlich einiger Anstrengung, um zu gewährleisten, daß alle Ziele klar VERSTANDEN werden. Allzuoft kommt es zu Wahrnehmungsverzerrungen durch falsche Annahmen, selbst bei Zielen, an deren Festlegung die Leute selbst beteiligt gewesen sind.

Olympisches Ziel

Das vielleicht schlagendste Beispiel einer guten und erfolgreichen Zielsetzung, das ich kenne, entstammt ebenfalls den olympischen Spielen. John Nabor, ein amerikanischer College-Neuling, beobachtete, wie Mark Spitz bei der Olympiade 1972 in München seine außergewöhnlichen sieben Goldmedaillen im Schwimmen gewann. Auf der Stelle nahm er sich vor, 1976 die Goldmedaille über 100 Meter Rücken zu gewinnen. Obgleich er damals gerade die nationalen Juniorenmeisterschaften für sich entschieden hatte, lag er noch um fast fünf Sekunden hinter der Zeit zurück, die für olympisches Gold erforderlich war. Gemessen an seinem Alter und der kurzen Zeitspanne, die ihm zur Verfügung stand, war das eine Menge Holz.

Er wollte das Unmögliche möglich machen. Zunächst setzte er sich den neuen Weltrekord als Leistungsziel und dividierte dann sein Defizit von fünf Sekunden durch die Trainingsstunden, die er in vier Jahren aufbringen konnte. Er kam zu dem Ergebnis, daß er in jeder Trainingsstunde seine

Zeit um ein Fünftel eines Wimpernschlages verbessern mußte. Er spürte, daß das möglich war, wenn er nur ebenso intelligent wie hart daran arbeiten würde. Es war. Er hatte sich 1976 so stark verbessert, daß er zum Kapitän des amerikanischen Schwimmteams für Montreal gewählt wurde und sowohl über 100 Meter als auch über 200 Meter Rücken die Goldmedaille gewann. Die erste in Weltrekordzeit und die zweite als neuen olympischen Rekord. Gute Zielsetzung! John Nabor war durch ein klar definiertes ENDziel motiviert, das er auf ein kontrollierbares LEISTUNGSziel stützte. Er untermauerte dies mit einem systematischen PROZESS, und so formte sich das Siegertreppchen, auf dem er stehen sollte.

Eine exemplarische Coaching-Sitzung

In diesem und den nächsten drei Kapiteln, die sich jeweils mit einem der vier Segmente der Coaching-Folge befassen, werde ich die einzelnen Punkte anhand des Dialogs einer fiktiven Coaching-Sitzung mit Joe Butter illustrieren. Joe ist leitender Kundenbetreuer einer Londoner Werbeagentur. Sein anfänglich kometenhafter Aufstieg hat sich in den letzten zwei Jahren verlangsamt, zeitgleich mit dem Erreichen der mittleren Lebensjahre sowie einer gesteigerten Nahrungsaufnahme, die seine Taille immer umfangreicher werden läßt. Kürzlich versuchte er, sich etwas einzuschränken, und begann, Sport zu treiben. Aber ihn plagten Langeweile, Versagen, Entschuldigungen, Schuldgefühle und Lustlosigkeit. Er teilt seine Besorgnis seinem Kollegen Mike mit, der anbietet, ihn in dieser Sache zu coachen.

MIKE:
Also Joe, was möchtest Du am Ende dieser halben Stunde erreicht haben?

JOE:
Irgendeinen Plan, um fitter zu werden.

MIKE:
Für den Rest Deines Lebens?

JOE:
Nein, das wäre zuviel verlangt. Und außerdem könnte es sich ändern, wenn ich erst einmal in Schwung gekommen bin. Ein realistisches Drei-Monats-Programm wäre toll.

MIKE:
Wir wollen mal einen Moment langfristig denken. Warum möchtest Du fitter werden?

JOE:
Ich fühle mich mies, und meine Arbeit leidet. Ich möchte mich wieder gut fühlen.

MIKE:
Gut. Wie fit möchtest Du wann sein?

JOE:
Ich würde gerne 12 oder 13 Pfund verlieren und in ein paar Monaten wieder die Treppen hinauf und zum

Zug rennen können, ohne außer Atem zu geraten. Und wieder Spaß am Laufen haben.

MIKE:

Wieviel möchtest Du wann genau wiegen?

JOE:

190 Pfund bis Ende Sommer. Das heißt, ich muß ungefähr 14 Pfund abnehmen.

MIKE:

Bis zu welchem Tag genau?

JOE:

Bis zum 20. September.

MIKE:

Heute ist der 19. Februar. Du hast also sieben Monate Zeit.

JOE:

Das heißt also zwei Pfund pro Monat. Vielleicht geht es auch am Anfang etwas schneller.

MIKE:

Wieviel möchtest Du bis zum 1. Juni abgenommen haben?

JOE:

Zehn Pfund.

MIKE:

Du könntest das hinbekommen, indem Du nichts ißt, und wärst trotzdem nicht viel fitter. Wie können wir die Fitness messen?

JOE:

Ich werde ab September 30 km die Woche laufen.

MIKE:

Wie schnell?

JOE:

Egal. Ich werde schon froh sein, wenn ich es überhaupt tue, und wissen, ob ich mit mir zufrieden bin.

MIKE:

Es ist mir auch egal, wie schnell. Setze Dir einfach selbst ein Ziel. Wie schnell wirst Du laufen?

JOE:

Also gut, sechs Minuten pro Kilometer.

Joe hat nun ein Ziel für die Sitzung, ein langfristiges Ziel und ein Halbzeitziel. Seine Ziele sind spezifisch, meßbar und besitzen wahrscheinlich alle die Eigenschaften, die wir empfehlen. Weil es hier keine kollektiven Befehle gibt, trägt er die volle Verantwortung für seine eigenen Ziele. Wir wollen nun die REALITÄT betrachten.

9 Was ist Realität?

Nachdem die verschiedenen Ziele definiert sind, muß jetzt die aktuelle Situation abgeklärt werden. Oft wird argumentiert, daß Ziele erst dann bestimmt werden können, wenn die gegebene Situation bekannt und begriffen worden ist, also mit der REALITÄT begonnen werden sollte. Ich stimme dem nicht zu, da erst ein angestrebtes Ziel einer Diskussion Wert und Richtung verleiht. Selbst wenn Ziele, bevor man einen detaillierten Blick auf die Situation geworfen hat, nur locker definiert werden können, muß dies der erste Schritt sein. Wenn dann die Realität klar ist, können die Ziele schärfer in den Brennpunkt gerückt oder sogar verändert werden, sofern sich die Situation etwas anders darstellt als ursprünglich angenommen.

Seien Sie objektiv

Das wichtigste Kriterium für die Feststellung der REALITÄT ist Objektivität. Objektivität wird oft durch Meinungen, Beurteilungen, Erwartungen, Vorurteile, Befürchtungen, Hoffnungen und Ängste des Wahrnehmenden erheblich verzerrt. Bewußtsein heißt, die Dinge so wahrzunehmen, wie sie wirklich sind. Ich-Bewußtsein bedeutet, die internen Faktoren zu erkennen, die die eigene Wahrnehmung der Realität verzerren. Die meisten Menschen glauben von sich, objektiv zu sein. Absolute Objektivität gibt es jedoch nicht. Wir sind bestenfalls annähernd objektiv. Aber je näher wir der Objektivität kommen, desto besser.

Unvoreingenommenheit

Um sich der REALITÄT zu nähern, müssen die eventuellen Verzerrungen sowohl des Coaches als auch des Gecoachten umgangen werden. Dies erfordert ein hohes Maß an Unvoreingenommenheit von seiten des Coaches und die Fähigkeit, Fragen so zu formulieren, daß der Gecoachte zu sachlichen Antworten veranlaßt wird. Die Frage »Welche Faktoren waren für Deine Entscheidung ausschlaggebend?« führt zu einer genaueren Antwort als die Frage »Warum hast Du das getan?«. Auf letztere wird der Gecoachte eher das von sich geben, was der Coach seiner Meinung nach hören möchte, oder sich rechtfertigen und verteidigen.

Beschreibung statt Beurteilung

Der Coach sollte eine beschreibende und keine wertende Terminologie benutzen und den Gecoachten so oft wie möglich darin bestärken, es ihm gleichzutun. Das trägt dazu bei, Unvoreingenommenheit und Objektivität aufrechtzuerhalten, und verringert die kontraproduktive, die Wahrnehmung verzerrende Selbstkritik. Das folgende Diagramm veranschaulicht diesen Punkt vielleicht am besten.

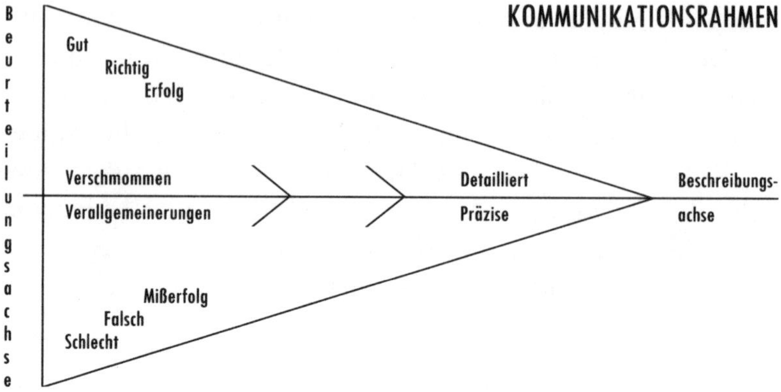

Die in normalen Gesprächen – und auch in vielen geschäftlichen Interaktionen – verwendete Terminologie ist im allgemeinen eher auf der linken Seite angesiedelt. Beim Coaching versuchen wir, nach rechts zu kommen. Je präziser und beschreibender unsere Ausdrucksweise wird, desto weniger Kritik enthält sie und desto produktiver wird das Coaching.

Es sollte darauf geachtet werden, so oft wie nur möglich ganz nahe an der horizontalen Achse zu bleiben. Mit dem bloßen Wissen, daß meine Präsentation SCHLECHT war, kann ich schließlich nicht viel anfangen. Wenn ich aber erfahre, daß sie klar strukturiert, eintönig, kurz, abwechslungsreich illustriert und unterhalb des Wissensstandes des Publikums abgelaufen war, habe ich viel mehr in der Hand, um Verbesserungen anzubringen. Natürlich sind einige Wörter wie Farben oder Dimensionen rein deskriptiv. Andere erhalten nur dann eine vertikale Wertigkeit, wenn man sich auf ein Ideal geeinigt hat. Wieder andere enthalten in sich bei den meisten Verwendungen einen Wertigkeitsgrad, beispielsweise lebendig oder schwach. Aber einige sind vom Wesen her wertend, wie gut und schlecht oder richtig und falsch. Sagen Sie also einem Schützen nicht einfach, daß er daneben geschossen hat. Er fühlt sich dann nur schlecht. Er möchte wissen, daß sein Schuß drei Zentimeter über und anderthalb rechts neben das Schwarze gegangen ist, wenn er ihn korrigieren soll. Beschreibung vermittelt auch Wertschätzung, Kritik wirkt normalerweise herabsetzend.

An sich selbst gerichtete Fragen nach der Realität sind das ehrlichste Mittel der Selbstbewertung. Wir werden darauf noch ausführlicher in Kapitel 13 zurückkommen. Doch die Fähigkeit, effektive realitätsbezogene Fragen zu stellen, steht an erster Stelle, wo sie auch immer Anwendung finden mag.

Folgen Sie dem Gecoachten

Ein guter Coach wird immer bereit sein, den Interessen beziehungsweise dem Gedankengang des Gecoachten zu folgen, während er gleichzeitig beobachtet, wie sich diese auf das Thema als ganzes beziehen. Nur wenn der Gecoachte drauf und dran ist, sich in jeder Hinsicht vom Thema zu entfernen, sollte der Coach irgendetwas zur Sprache bringen, was seiner Meinung nach außer Acht gelassen worden ist. Ist der Gecoachte scheinbar weit vom Thema abgekommen, kann ihn eine Frage wie »Inwiefern gehört das zum Problem?« wieder zurückholen oder einen triftigen Grund für sein Abschweifen enthüllen. Auf die eine oder andere Art ermöglicht sie ihm, den Prozeß weiter zu steuern.

Gebrauchen Sie die Sinne

In den meisten geschäftlichen Coaching-Szenarien wird die REALITÄT Fakten und Zahlen, Vorkommnisse, getroffene Maßnahmen, zu überwindende Hindernisse, verfügbare Ressourcen und Menschen etc. betreffen – Dinge, die vom und aus dem Gedächtnis abgerufen werden. Wenn der Gecoachte jedoch eine neue körperliche Fertigkeit erlernt, wie etwa den Umgang mit einem Handwerkszeug, von der Lokomotive bis hin zum Tennisschläger, wird sich das Coaching auch auf die Sinne Fühlen, Hören und Sehen konzentrieren.

Körperbewußtsein geht automatisch mit Selbstkorrektur einher. Wenn Sie das zunächst nicht recht glauben können, schließen Sie einmal für einen Moment Ihre Augen und konzentrieren Sie sich auf Ihre Gesichtsmuskeln. Wahrscheinlich bemerken Sie, daß Ihre Stirn gerunzelt oder Ihr Kiefer angespannt ist. Beinahe gleichzeitig mit diesem Bewußtsein werden Sie wahrscheinlich ein Nachlassen der Anspannung erleben, und danach wird die Stirn oder der Kiefer völlig entspannt sein. Dasselbe Prinzip gilt für eine komplexe körperliche Bewegung. Wenn sich die Aufmerksamkeit nach innen auf die Bewegungsteile richtet, werden die effizienzverringernden Spannungen gefühlt und automatisch ausgeschaltet. Die Folge ist eine verbesserte Leistung. Auf dieser Grundlage geht das moderne Coaching an sportliche Techniken und ein hohes Leistungsniveau heran. Innerliches Bewußtsein erhöht die körperliche Effizienz, die wiederum eine verbesserte Technik nach sich zieht. Die Technik kommt von innen nach außen und nicht von außen nach innen. Darüber hinaus gehört sie zu dem betreffenden Körper. Sie ist in ihn integriert und ihm alleine zugehörig und damit der Vorstellung entgegengesetzt, die ein anderer von guter Technik hat, an welche man seinen Körper gezwungen hat, sich anzugleichen.

Zapfen Sie die Emotionen an

Die Sinne sind ein Aspekt des Ich-Bewußtseins. Ein anderer Aspekt sind die Emotionen, die besonders im Hinblick auf zwischenmenschliche Probleme am Arbeitsplatz und auch sonst überall von Bedeutung sind. Dabei wird man Fragen wie die folgenden stellen:

- Was fühlen Sie, wenn Sie unerwartet zum Chef gerufen werden?
- Welche Emotionen haben Sie angesichts der kürzlich vorgenommenen Entlassungen?
- Vor was glauben Sie, Angst zu haben?
- In welchen Körperteilen verspüren Sie Spannungen?
- Auf welche Weise hemmen Sie Ihr Potential?
- Was fühlen Sie hauptsächlich, wenn Sie wissen, daß Sie eine gute Arbeit geleistet haben?
- Wie hoch schätzen Sie auf einer Skala von eins bis zehn Ihr Selbstvertrauen ein, heute nachmittag zu einer guten Präsentation imstande zu sein?

Bewerten Sie die Einstellungen

Ich-Bewußtsein muß auch nachhaltig auf unsere momentanen Gedanken und Einstellungen ausgerichtet werden und auf die, deren wir uns normalerweise nicht so bewußt sind. Wir alle bergen seit langem bestehende Überzeugungen und Meinungen in uns, die unsere Wahrnehmung anderer und unsere Beziehungen zu ihnen färben und manchmal noch aus unserer Kindheit stammen. Wenn wir ihre Existenz nicht erkennen und ihre Auswirkungen nicht kompensieren können, wird unser Sinn für die REALITÄT verzerrt.

Die gegenseitige Verbindung von Körper und Geist: Die meisten Gedanken sind emotional gefärbt. Alle Emotionen spiegeln sich im Körper wider. Körpergefühle lösen oft Gedanken aus. Deshalb können Befürchtungen, Blockaden und Hemmungen mit dem Kopf, dem Körper oder den Emotionen angepackt werden. Ist eine Klärung auf einer Ebene erreicht, kommt es meist, wenn auch nicht immer, zu einer Entlastung auf der anderen.

Beispielsweise kann anhaltender Stress verringert werden, indem man körperliche Spannungen erkennt, indem man sich die Gefühle bewußt macht, die die Überlastung anheizen, oder indem man mentale Einstellungen wie Perfektionismus aufdeckt. Manchmal ist es notwendig, an allen dreien getrennt zu arbeiten. Ich möchte Sie an Timothy Gallwey erinnern. Der Spieler des Inneren Spiels verbessert seine Leistung, indem er versucht, die inneren Hindernisse seiner äußerlichen Leistung zu beseitigen oder zu verringern.

Gehen Sie nicht zu sehr in die Tiefe

Ein Wort der Vorsicht sei angebracht. Einem Coach kann bewußt werden, daß er tiefer in die versteckten Triebe und Motive eines Gecoachten eindringt als vorausgesehen. Das gehört zum Wesen des Coaching. Es spricht Ursachen an, nicht nur Symptome. Coaching verlangt vielleicht mehr, als die zwischenmenschlichen Risse im Büro mit Verhaltensanweisungen zu übertünchen, aber es zeitigt auch mehr lohnende Ergebnisse. Wenn Sie jedoch keine angemessene Coaching-Ausbildung oder ein zaghaftes Gemüt besitzen, halten Sie sich raus! Wenn Sie vermuten, daß eine problembelastete Beziehung zwischen Mitarbeitern tiefsitzende Ursachen hat, dann ist es besser, einen Profi mit den notwendigen Fähigkeiten hinzuzuziehen. Coaching und Beratung unterscheiden sich nur darin, daß Coaching hauptsächlich aktiv und Beratung im allgemeinen reaktiv ist.

Realitätsbezogene Fragen

In der REALITÄTS-Phase des Coaching-Prozesses sollten Fragen am häufigsten mit den Fragewörtern WAS, WANN, WO, WER und WIEVIEL eingeleitet werden. WIE und WARUM sollten nur sparsam verwendet werden oder nur dann, wenn eine andere Formulierung nicht ausreicht. Coaches müssen besonders wachsam sein, zuhören und beobachten, um alle Hinweise auf die Richtung der nächsten Frage aufzuschnappen. Vergessen Sie nicht, daß es der Gecoachte ist, dessen Bewußtsein geschärft werden soll. Der Coach muß nicht immer die ganze Vorgeschichte einer Situation kennen. Er muß nur sicher sein, daß sie dem Gecoachten klar ist. Coaching ist also nicht so zeitaufwendig, wie es wäre, wenn der Coach alle Fakten haben müßte, um bestmöglich antworten zu können.

Eine fast immer nützliche REALITÄTSbezogene Frage ist: »Was hast Du bisher in dieser Sache unternommen?« und die sich anschließende Frage: »Was ist dabei herausgekommen?« Eine solche Fragestellung betont den Wert der Handlung und den Unterschied zwischen Handeln und Nachdenken über Probleme. Oft haben die Menschen jahrelang über ein Problem nachgegrübelt, aber erst, nachdem sie gefragt wurden, was sie denn letztendlich getan hätten, erkennen sie, daß sie überhaupt nichts getan haben.

Frühe Lösungen: Wenn das Problem einer Lösung bedarf, bringt überraschend oft eine gründliche Untersuchung der REALITÄT die Antwort zutage, bevor man auch nur in die dritte und vierte Phase des Coaching-Prozesses einsteigt. Naheliegende Handlungswege, die sich aus der REALITÄTS-Phase oder gelegentlich sogar der ZIEL-Phase ergeben, sind oft von einem »Heureka!«-Schrei des Erkennens und einem zusätzlichen Antrieb begleitet, die Aufgabe fertigzustellen. Dies ist so wertvoll, daß Coaches bereit sein sollten, genügend lange bei den ZIELEN und der REALITÄT zu verweilen, und der Versuchung widerstehen sollten, vorzeitig zu den OPTIONEN weiterzueilen. Damit uns genau das nicht auch passiert, wollen wir noch einmal in die Coaching-Sitzung von Mike und Joe zurückkehren.

MIKE:
Soweit zu Deinen Zielen. Wir wollen uns nun dem heutigen Stand der Dinge widmen. Wieviel wiegst Du?

JOE:
204 Pfund in Kleidern.

MIKE:
Wann hast Du Dich das letzte Mal gewogen?

JOE:
Irgendwann in der vergangenen Woche.

MIKE:
Drüben im Badezimmer steht eine Waage. Würdest Du mal daraufsteigen?

JOE:
Oh je! Ich wiege 213 Pfund.

MIKE:
Ißt Du übermäßig viel?

JOE:

Ja. Ich kann Schokolade nicht widerstehen und esse gern üppig.

MIKE:

Hast Du in der letzten Zeit viel gegessen?

JOE:

Mehr als gewöhnlich. Anscheinend immer, wenn ich mir Sorgen mache.

MIKE:

Worüber machst Du Dir zur Zeit Sorgen?

JOE:

Meine Gesundheit und mein Alter. Ich fühle mich auch gerade ein bißchen unsicher bezüglich meiner Stelle.

MIKE:

Was beunruhigt Dich am meisten?

JOE:

Meine Gesundheit, glaube ich. Ich bin überzeugt, daß sich meine Gemütsverfassung und dann auch meine Arbeit verbessern würden, wenn ich sie in den Griff bekäme.

MIKE:

Gut. Lassen wir es für heute dabei. In einer anderen Sitzung können wir Deine Gemütsverfassung und Deine Arbeit genauer betrachten. Von was ißt Du zuviel?

JOE:

Chips und Nachtisch.

MIKE:

Zu jeder Mahlzeit?

JOE:

An den meisten Tagen esse ich beides zumindest einmal.

MIKE:

Zu Hause oder außerhalb? Zum Mittagessen oder abends?

JOE:
An den Abenden zu Hause und zumindest an zwei Abenden die Woche, wenn wir essen gehen.

MIKE:
Mit Freunden oder mit Deiner Frau?

JOE:
Hauptsächlich nur wir beide.

MIKE:
Ißt Deine Frau auch gerne viel?

JOE:
Eigentlich nicht. Aber sie weiß, daß ich es gerne tue, und deshalb macht sie mit.

MIKE:
Du magst also gerne Süßes und Chips, Du ißt mehr, wenn Du beunruhigt bist, und dies im allgemeinen am Abend und mit der Familie. Wie steht es mit dem Trinken?

JOE:
Ich trinke manchmal ein Bierchen zu Mittag.
Am Abend trinke ich gewöhnlich eine Flasche billigen Wein.

MIKE:
Wieviele Bierchen hast Du Dir in den letzten sieben Tagen genau genehmigt?

JOE:
Laß mich nachdenken ... ungefähr 12.

MIKE:
Und die Woche davor?

JOE:
Wenn ich ehrlich bin, ungefähr gleich viel.

MIKE:
Wollen wir uns jetzt Deine sportliche Betätigung ansehen?

JOE:
Gut. Ich habe zumindest angefangen zu joggen.
MIKE:
Wie oft gehst Du joggen und wie lange?
JOE:
Ich laufe ungefähr 15 Minuten, vielleicht zweimal die Woche.
MIKE:
Wann bist Du diese Woche gelaufen?
JOE:
Überhaupt nicht. Ich habe mich zu miserabel gefühlt.
MIKE:
Und vorige Woche?
JOE:
Nur einmal, am Sonntag morgen. Ich wollte nochmal, aber meine Waden tun noch weh.
MIKE:
Halten Dich diese Beschwerden vom Joggen ab?
JOE:
Ja. Die Knöchel, Waden, Schenkel, der keuchende Atem – ich hasse es.
MIKE:
Verschaffst Du Dir noch irgendwie anders Bewegung? Spazierengehen, radfahren, oder läufst Du gar die Treppen hoch, anstatt den Fahrstuhl zu benutzen?
JOE:
Nein. Aber ich gehe gelegentlich in die Sauna.
MIKE:
Tust Du das gerne, und glaubst Du, daß es hilft?
JOE:
Zumindest beruhigt es mein Gewissen und ist nicht so anstrengend.

Joe ist nun ehrlicher zu sich selbst, was die REALITÄT seines übermäßigen Essens und Trinkens sowie seiner geringen Bewegung betrifft. Sein Wunschdenken beziehungsweise seine Selbsttäuschung haben nun ihre Wurzeln in der REALITÄT. Noch wichtiger: er weiß jetzt auch genau, wo er steht.

Mike läßt ihn nun rückblickend sein Ziel von 204 Pfund nochmals überprüfen. Es ist vielleicht unrealistisch angesichts der Tatsache, daß er tatsächlich 213 Pfund wiegt. Joe ist jedoch so angewidert von seinem REALEN Gewicht, daß er das angestrebte Ziel von 204 Pfund nicht verändern möchte, selbst wenn dies nun eine durchschnittliche Gewichtsabnahme von fast drei Pfund im Monat erfordert. Mike hält das Ziel nach wie vor für realistisch.

Zum Glück bietet Mike Joe an, ihn beim Joggen zu coachen, um zu versuchen, sein Unbehagen dabei zu verringern. Das gibt uns die Gelegenheit, mitzuerleben, wie eine körperliche Fertigkeit gecoacht wird. Sie brachen auf, um ein kleines Stück in einem vorher vereinbarten gemäßigten Tempo gemeinsam zu laufen. Ziel war, einen bequemen Laufstil, eine angenehme Geschwindigkeit und eine wohltuende geistige Betätigung zu finden.

MIKE:
Gut, laß uns anfangs ein Tempo einschlagen, das relativ angenehm ist ... Was bemerkst Du in Deinem Körper?

JOE:
Meine Waden fühlen sich steif an.

MIKE:
Konzentriere Dich mal ganz auf Deine Waden und sage mir, was Du in ihnen empfindest.

JOE:
Eine Verspannung unten auf der Rückseite.

MIKE:
Wann fühlst Du sie? Die ganze Zeit in beiden Waden?
JOE:
Nein. Nur wenn ich mich vom Boden abstoße, und mehr rechts als links.
MIKE:
Bewerte die Verspannung Deiner rechten Wade auf einer Skala von eins bis zehn. Zehn ist dabei so verspannt, wie Du es Dir nur vorstellen kannst.
JOE:
Eigentlich ist es jetzt weniger. Ich würde sagen, so ungefähr bei fünf. Das linke Bein liegt bei drei.
MIKE:
Und bei was jetzt?
JOE:
Es ist runter auf drei.
MIKE:
Beobachte es weiter und sage mir, wenn es bei zwei ist.
JOE:
Beide Waden sind nun bei zwei oder sogar weniger. Sie fühlen sich toll an. Aber ich merke, daß meine Arme beim Schwingen schmerzen.
MIKE:
Gut, also achte auf den Schmerz in Deinen Armen und erzähle mir mehr darüber.
JOE:
Mensch, genau als ich anfing, mich auf sie zu konzentrieren, fühlte ich, wie sie sich entspannen, und ich merke, daß ich sie jetzt auch tiefer halte.
MIKE:
Ist das bequemer?

JOE:
Ja, sicher.

MIKE:
Es schaut auch wirklich flüssiger aus.

JOE:
Ja. Ich fühle echt, daß ich mich ganz gut bewege. An diesem Punkt ist mein Atem normalerweise keuchend, aber ich merke, daß ich ganz rhythmisch atme.

MIKE:
Beobachte eine Zeitlang Deinen Atem. Versuche nicht, anders zu atmen. Aber achte darauf, wie Du jedesmal ein- und ausatmest.

JOE:
Ich atme immer langsamer. Ich werde doch noch zum ogger!

MIKE:
Wie hättest Du Dein Joggen am liebsten?

JOE:
Du hast es schon erwähnt, und jetzt fühle ich es auch langsam – fließend.

MIKE:
Bewerte dieses Fließen jetzt auf einer Skala von eins bis zehn.

JOE:
Vorher lag es bei vier, aber jetzt ist es schon auf sechs.

MIKE:
Von wo in Deinem Körper liest Du das ab?

JOE:
Von meinen Schultern. Das ist schon lustig.

MIKE:
Wo liegt das Fließen jetzt?

JOE:
Bei acht! Ich fühle mich großartig!

MIKE:
Ja. Und wir sind drei Minuten schneller am Ausgangspunkt zurück, als Du gedacht hattest.

JOE:
Das ist erstaunlich. Ich glaube, daß ich noch 15 Minuten länger durchhalten könnte. Ich bin gar nicht schweißgebadet.

MIKE:
Du kannst bald länger laufen. Gut gemacht. Wie Du siehst, klären sich Problembereiche dadurch, daß Du die Aufmerksamkeit nach innen richtest. Das führt zur Entspannung und ist so interessant, daß man sich überhaupt nicht mehr langweilt. Eine unangenehme Aufgabe wird zum Vergnügen.

JOE:
Du hast mir nicht einmal gesagt, wie ich effektiver joggen kann. Ich scheine aber den Fluß selbst gefunden zu haben. Dadurch fühle ich mich gut, und es eröffnet auch Möglichkeiten auf anderen Gebieten.

Ein Coaching, das sich auf das reine Erlernen oder Entwickeln einer bestimmten körperlichen Fertigkeit bezieht, wie in unserem Beispiel, ist, natürlich mit Wiederholungen in verschiedenen Formen, am Ende dieser Phase abgeschlossen. Die Leistungsverbesserung findet, wie bei Joe, durch die Anwendung des BEWUSSTSEINs in dieser REALITÄTSphase statt. Für die Rundumverbesserung von Joes Gesundheitszustand und Wohlbefinden und die Förderung der meisten geschäftlichen Entscheidungen, die Planung, Untersuchung, Prüfung und dergleichen erfordern, gibt es jedoch noch zwei weitere Phasen.

10 Welche Optionen haben Sie?

Auf der Optionen-Stufe soll nicht die ›richtige‹ Antwort gefunden werden. Vielmehr geht es darum, so viele alternative Vorgehensweisen wie möglich zu kreieren und aufzuschreiben. Die Menge der Optionen ist wichtiger als ihre Qualität und Durchführbarkeit. Aus dieser Masse kreativer Möglichkeiten werden dann die spezifischen Handlungsschritte ausgewählt. Wenn während des Sammelns bereits Präferenzen, Ablehnungsgründe, die Lächerlichkeit von Vorschlägen, Hindernisse oder das Bedürfnis nach Vollständigkeit artikuliert werden, bleiben potentiell wertvolle Beiträge möglicherweise unberücksichtigt. Die Auswahlmöglichkeiten sind dann begrenzt.

Maximieren der Auswahlmöglichkeiten

Der Coach wird alles daransetzen, daß der Gecoachte oder das Team, das er coacht beziehungsweise führt, diese Optionen selbst findet. Er muß dafür eine Atmosphäre schaffen, in der sich die Teilnehmer sicher genug fühlen, ihre Gedanken und Ideen ohne Hemmungen oder Angst vor Verurteilung durch den Coach oder andere auszusprechen. Alle Beiträge, wie unsinnig sie auch erscheinen mögen, müssen gewöhnlich durch den Coach schriftlich festgehalten werden. Sie könnten den Keim einer Idee enthalten, die sich erst im Lichte späterer Vorschläge als bedeutsam erweist.

Negative Annahmen

Einer der Faktoren, die die Entwicklung kreativer Lösungen für geschäftliche und andere Probleme am stärksten beeinträchtigen, sind die impliziten Annahmen, die wir mit uns herumtragen und die uns oft kaum bewußt sind. Zum Beispiel:

- Es geht nicht.
- So geht es nicht.
- Darauf würden sie sich niemals einlassen.
- Es wird einfach zu teuer.
- Wir haben nicht die Zeit dafür.
- Die Konkurrenz ist mit Sicherheit auch schon darauf gekommen.

Die Aufzählung ließe sich endlos fortführen. Alle Aussagen enthalten eine negative oder abweisende Komponente. Ein guter Coach würde seine Schützlinge auffordern, sich selbst zu fragen: »Was wäre, wenn ...?« Zum Beispiel:

- Was wäre, wenn Dein Etat groß genug wäre?
- Was wäre, wenn Du mehr Mitarbeiter hättest?
- Was wäre, wenn Du die Antwort kennen würdest? Wie würde sie ausfallen?
- Was wäre, wenn dieses Hindernis nicht bestehen würde? Was würdest Du dann tun?

Durch diesen Prozeß, der zeitweilig der Zensur durch den rationalen Verstand ausweicht, werden kreativere Gedanken freigesetzt. Das Hindernis erweist sich vielleicht als weniger unüberwindlich, als bisher angenommen. Möglicherweise weiß ein anderes Teammitglied einen Weg, der um dieses spezielle Hindernis herumführt, so daß das Unmögliche durch die vereinten Bemühungen mehrerer Personen möglich gemacht wird.

Die Neun-Punkte-Übung

Bei unseren Trainingskursen für Coaches benutzen wir die bekannte Neun-Punkte-Übung, um die selbstbeschränkenden Annahmen, die tendenziell in uns allen vorhanden sind, graphisch darzustellen. Die Antworten stehen auf Seite 160.

Optionen
Neun-Punkte-Übung

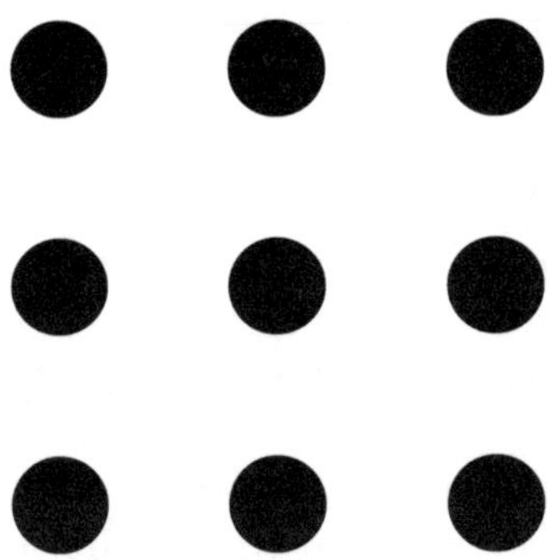

Verbinden Sie die neun Punkte durch vier zusammenhängende gerade Linien. Jede Linie darf nur einmal verwendet werden, und Ihr Stift darf die Seite nicht verlassen.

Vielleicht erinnern Sie sich oder erkennen, daß bei der Lösung die folgende Annahme eliminiert werden muß: »Sie müssen innerhalb des Quadrats bleiben«. Werden Sie jedoch nicht zu selbstgefällig. Probieren Sie es bei gleichbleibenden Regeln nochmals, aber verwenden Sie diesmal nur drei Linien oder weniger. Durch welche Annahmen beschränken Sie sich jetzt selbst?

Natürlich hat niemand behauptet, daß Sie Ihre Linien durch den Mittelpunkt der Punkte führen müssen. Ich wette aber, daß Sie dies annahmen. Was wäre bei zwei Linien oder gar nur einer?

Und es hat auch niemand behauptet, daß Sie die Seite nicht herausreißen und kegelförmig zusammenrollen, sie in drei Streifen zerreißen oder wie eine Ziehharmonika falten können. Aber ich wette, Sie gingen von einer oder mehreren dieser Annahmen aus. Indem wir diese selbstbeschränkenden Annahmen abschütteln, befreien wir uns. Wir können alte Probleme auf neue Weise lösen. Es kommt darauf an, die falsche Annahme zu identifizieren. Die Lösung findet sich dann viel einfacher.

Auswählen

Kosten und Nutzen: Sobald eine umfassende Liste erst einmal erstellt ist, kann die WILLENS-Phase des Coaching-Prozesses ganz einfach darin bestehen, sich die Rosinen herauszupicken. Bei komplexeren Themen, wie beispielsweise häufig im Unternehmensbereich, ist es jedoch manchmal notwendig, die Liste nochmals durchzugehen und Kosten und Nutzen jeder Handlungsalternative festzuhalten. Auch dies sollte durch Coaching geschehen. Als Optimum kann sich dabei durchaus die Verbindung von zwei oder mehr Ideen herausstellen.

Input des Coaches: Was macht der Coach, wenn er mehr über die in Frage stehende Angelegenheit weiß oder bestimmte Fertigkeiten oder Erfahrungen besitzt und der Gecoachte auf die für den Coach offensichtliche Lösung nicht gekommen ist? An welcher Stelle sollte der Coach sein Sachwissen anbieten? Selbstverständlich dann, wenn er erkennt, daß der Gecoachte seine Möglichkeiten ausgeschöpft hat. Aber wie kann er eingreifen, ohne beim Gecoachten das Gefühl zu untergraben, Herr der Dinge zu sein? Indem er ganz einfach sagt: »Ich weiß noch ein paar andere mögliche Optionen. Möchtest Du sie hören?« Nur sehr wenige Gecoachte werden stets mit nein antworten. Sie könnten allerdings den Coach bitten, noch abzuwarten, bis sie einen bestimmten Gedankengang zu Ende geführt haben. Den Vorschlägen des Coaches sollte immer nur die gleiche Bedeutung zukommen wie allen anderen OPTIONEN.

Darstellung der Optionen: Bei der Auflistung von OPTIONEN kann die durch ein Untereinanderschreiben entstehende unbewußte Hierarchie (die wichtigeren Dinge kommen zuerst) vermieden werden, indem die Optionen wahllos kreuz und quer auf ein Blatt Papier geschrieben werden.

Im folgenden wird gezeigt, wie Mike die Optionen mit JOE angeht. Joe erwartet von Mike, der selbst so etwas wie ein Fitness-Fan ist, einige Rezepte gegen seine schlechte gesundheitliche Verfassung.

MIKE:
Was könntest Du alles tun, um schlanker und fitter zu werden?

JOE:
Ich könnte häufiger oder länger oder schneller laufen.

MIKE:
Was noch?
JOE:
Ich könnte mich beim Essen und Trinken mehr zurückhalten.
MIKE:
Was noch?
JOE:
Ich könnte weniger üppig essen.
MIKE:
Auf welche andere Weise könntest Du Dir Bewegung verschaffen?
JOE:
Naja, ich könnte vielleicht Gymnastik machen.
MIKE:
Noch etwas?
JOE:
Ich könnte schwimmen oder sogar mit Squashspielen anfangen. Daran habe ich auch schon manchmal gedacht. Oder Golf spielen.
MIKE:
Gibt es noch etwas, das keine Investitionen, keine Ausrüstung, keine Klubmitgliedschaft erfordert, was Du einfach so machen kannst?
JOE:
Mir fällt nichts weiter ein. Radfahren kann ich nicht, weil ich kein Fahrrad besitze. Und ich werde mir dafür auch keins kaufen!
MIKE:
Und was, wenn Du ein Fahrrad hättest?
JOE:
Ich könnte damit zur Arbeit fahren – und in die Kneipe!

Ich könnte eigentlich zur Arbeit laufen und zum vierten Stock hinaufrennen, anstatt mit dem Fahrstuhl zu fahren.

MIKE:

Das könntest Du wirklich. Ist das alles?

JOE:

Das reicht doch, oder?

MIKE:

Möchtest Du noch eine andere Option in Erwägung ziehen?

JOE:

Natürlich, wenn Du eine weißt.

MIKE:

Wie wär's mit Hanteln und regelmäßigen Trimm-Dich-Übungen zu Hause?

JOE:

Ja, das ist auch möglich.

Joe und Mike gehen dann die Liste durch und wägen die Vor- und Nachteile jeder Option ab. Golf ist zeitaufwendig. Squash ist ein viel schnellerer und anstrengenderer Sport, aber es dauert eine Weile, bis man es so gelernt hat, daß es auch etwas bringt. Bis zum nächstgelegenen Schwimmbad sind es acht Kilometer. Beim Schwimmen wäre allerdings die Verletzungsgefahr gering. Gemeinsam untersuchen sie, wie sich verschiedene Diäten durchführen lassen und ob es möglich ist, im geschäftlichen Umfeld keinen Alkohol mehr zu trinken.

Dieses Coaching-Beispiel ist keineswegs so weit vom Unternehmenskontext entfernt, wie Sie vielleicht glauben. Vergleichen Sie, was Sir Michael Edwardes in einem Interview mit David Hemery für dessen Buch *Sporting Excellence* sagte:

Ich zögere immer sehr, jemanden in ein Team aufzunehmen, der in schlechter Form und übergewichtig ist. Dahinter steckt meist eine gewisse Disziplinlosigkeit. Ich bin sechzig und spiele wöchentlich dreimal Squash und einmal Tennis. Ich bin nicht übergewichtig. Ich habe jetzt mehr Energie als mit fünfzig. Ich bin körperlich sicher fitter als mein Konkurrent und denke, das ist ein Pfand, mit dem sich wuchern läßt. Ich möchte niemanden in meinem Team haben, der physisch nicht fit ist.

Joe ist sich nun aller OPTIONEN und ihrer jeweiligen Vor- und Nachteile bewußt. Jetzt ist es an der Zeit, zu entscheiden.

11 Was werden Sie tun?

In der letzten Phase des Coaching-Prozesses geht es darum, die Diskussion in eine Entscheidung umzumünzen. Ein Handlungsplan wird aufgestellt, der einer zuvor klar spezifizierten Anforderung gerecht wird, die ihrerseits sorgfältig untersucht worden ist.

Die folgende Zusammenstellung von WILLENS-Fragen ist auf die meisten Coaching-Situationen anwendbar. Der Coach wird natürlich noch weitere Fragen hinzufügen, um die einzelnen Punkte besser abzuklären. Die Hauptfragen bilden jedoch bereits ein tragfähiges Gerüst für diese Phase.

Den Forderungen eines autokratischen Managers wird oft mit stiller Resignation, Widerstand oder Groll begegnet, wie diplomatisch sie auch formuliert sein mögen. Ein Coach kann in dieser Phase ein überraschendes Maß an Härte in seine Fragen legen, ohne schlechte Gefühle hervorzurufen, denn er aktiviert den Willen des Gecoachten und zwingt ihm nicht seinen auf. Der Gecoachte behält immer die Wahlfreiheit, und die Ziele bleiben die seinen, auch wenn seine Entscheidung nicht in die Tat umgesetzt werden sollte. Deshalb wird er sich durch harte Fragen nicht bedrängt fühlen. Vielleicht amüsiert ihn das Erkennen seiner eigenen Zwiespältigkeit sogar. Falls er sich unter Druck gesetzt fühlt, zeigt der Coach vermutlich unbewußt, daß der Gecoachte seiner Meinung nach eine bestimmte Handlung ausführen *sollte.*

Im folgenden sollen der Wert und das Ziel jeder Frage sowie die jeweils beste Fragestellung betrachtet werden.

Was *werden* Sie tun? Diese Frage unterscheidet sich sehr von »Was könnten Sie tun?«, »Was gedenken Sie zu tun?« oder »Welche Handlungsalternative bevorzugen Sie?«. Keine davon impliziert eine feste Entscheidung. Wenn der Coach den Gecoachten einmal klar und deutlich gefragt hat, was er tun wird, und damit anzeigt, daß die Zeit zur Entscheidung gekommen ist, kann er eine Frage anschließen wie: »Welche dieser Alternativen werden Sie in Angriff nehmen?«. Bei den meisten Coaching-Themen wird der Handlungsplan mehr als eine Option beziehungsweise Teile mehrerer Optionen beinhalten.

Bisher sind die Optionen nur vage definiert gewesen. Der Coach muß nun anhand von Fragen die Details der gewählten Option abklären. Die bei weitem wichtigsten darunter sind:

Wann werden Sie es tun? Das ist die schwierigste Frage überhaupt. Wir alle haben große Ideen im Kopf, was wir gerne tun möchten oder tun werden, aber erst durch die Bestimmung eines zeitlichen Rahmens gewinnen sie an Realität. Und ein »irgendwann nächstes Jahr« reicht ebenfalls nicht aus. Wenn etwas geschehen soll, muß der zeitliche Ablauf sehr genau festgelegt sein.

Wenn nur eine einzige Handlung erforderlich ist, könnte die gesuchte Antwort lauten: »Nächsten Dienstag, den zwölften, um 10.00 Uhr«. Oft müssen aber sowohl Datum und Uhrzeit des Beginns als auch der Abschlußtag festgesetzt werden. Geht es um eine sich mehrfach wiederholende Handlung, sind die Zeitabstände genau zu bestimmen: »Wir treffen uns jeden ersten Mittwoch im Monat um 9.00 Uhr.« Es ist Sache des Coaches, den Gecoachten auf genaue Zeiten festzunageln. Der Gecoachte mag sich winden, ein guter Coach wird ihn jedoch nicht vom Haken lassen.

Wird die Handlung zum erwünschten Ziel führen? Nachdem nun ein Handlungs- und Zeitrahmen festgelegt sind, muß vor dem nächsten Schritt zunächst unbedingt geprüft werden, ob sie sowohl zum Ziel der Sitzung als auch zum langfristigen Ziel hinführen. Ohne diese Nachprüfung könnte der Gecoachte meinen, weit vom Weg abgekommen zu sein. Ist dem so, ist es wichtig, nicht sofort die Handlung zu verändern, sondern zu überprüfen, ob nicht tatsächlich das Ziel angesichts dessen, was sich seit seiner Definition ereignet hat, einer Änderung bedarf.

Auf welche Hindernisse könnten Sie stoßen? Es ist wichtig, sich auf widrige Umstände einzustellen, die im Vorfeld auftreten und die Durchführung der Handlung blockieren könnten. Äußere Ereignisse könnten sich abzeichnen, die zum Abbruch führen, aber es könnten auch innere in Erscheinung treten wie zum Beispiel, daß den Gecoachten der Mut verläßt. Bei einigen Leuten läßt mit der Zeit das Engagement nach, und sie können es kaum erwarten, bis ein Hindernis auftritt, das ihnen eine Entschuldigung für den Abbruch liefert. Dem kann durch den Coaching-Prozeß vorgebeugt werden.

Wer muß es wissen? Im Geschäftsleben werden allzu häufig Pläne geändert, und die Leute, die eigentlich umgehend darüber informiert werden sollten, erfahren es erst später und aus zweiter Hand. Das ist ziemlich übel für die Mitarbeiterbeziehungen. Der Coach muß sich selbst davon überzeugen, daß alle in Frage kommenden Leute aufgelistet sind und ein Plan erstellt worden ist, wie sie informiert werden sollen.

Welche Unterstützung benötigen Sie? Diese Frage hängt möglicherweise mit der vorherigen zusammen. Unterstützung kann aber von vielen Seiten auf die unterschiedlichste Weise kommen. Es kann bedeuten, externe Personen, Fertigkeiten oder Ressourcen heranzuziehen. Es kann aber auch einfach heißen, einen Kollegen über Ihre Absicht zu informieren und ihn zu bitten, Sie hin und wieder zu erinnern oder bei der Stange zu halten. Oft reicht es schon, einen anderen Menschen über Ihre beabsichtigte Handlung zu unterrichten, damit Sie es auch wirklich tun.

Wie und wann werden Sie diese Unterstützung erhalten? Unterstützung zu wollen, aber nicht die notwendigen Schritte dafür zu unternehmen, bringt nichts. Hier muß der Coach hart bleiben, bis der Gecoachte eindeutig und sicher handelt.

Welche anderen Überlegungen haben Sie? Das ist eine notwendige, alles umfassende Frage, so daß der Gecoachte nicht behaupten kann, der Coach hätte etwas weggelassen. Der Gecoachte ist dafür verantwortlich, daß ganz sicher nichts vergessen worden ist.

Bewerten Sie auf einer Skala von eins bis zehn, wie sicher Sie sind, daß Sie die vereinbarten Handlungen auch ausführen werden: Das heißt nicht, einzuschätzen, mit welcher Wahrscheinlichkeit das Ergebnis auch tatsächlich eintritt. Beurteilt werden soll die Absicht des Gecoachten, seinen Teil der Arbeit zu erledigen. Die Erfüllung der Aufgabe kann von der Zustimmung oder den Handlungen anderer Personen abhängen. Dies entzieht sich einer Bewertung.

Angenommen, Sie hätten eine Bewertung abgegeben, die unter acht liegt. Wie können Sie dann den Umfang der Aufgabe verringern oder die angesetzte Zeit verlängern, um eine Beurteilung von acht oder mehr zu erreichen?

Wenn Ihre Wertung immer noch niedriger als acht ausfällt, streichen Sie den Handlungsschritt, den Sie wahrscheinlich nicht ausführen werden.

Das ist kein Sabotageakt, wie es auf den ersten Blick erscheinen könnte. Vielmehr kommen unserer Erfahrung nach jene, die eine Bewertung unter acht vornehmen, selten bis zum Ende durch. Wenn der Gecoachte sich jedoch damit konfrontiert sieht, sein Versagen eingestehen zu müssen, kann er ganz plötzlich die notwendige Motivation finden.

Die meisten von uns sind die Themen gewöhnt, die auf unseren Arbeitslisten, sei es im Beruf oder zu Hause, immer wieder auftauchen. Unsere Liste wird mit der Zeit so zerknittert und vollgekritzelt, daß wir sie schließlich nochmals abschreiben und dabei die gleichen wenigen Themen ständig erneut übertragen. Mit der Zeit fühlen wir uns entsprechend schuldig, aber immer noch passiert nichts. »Wie kommt es, daß ich nie fertig werde?«, stöhnen wir über uns selbst. Unsere nicht bis zum Ende abgearbeitete Liste veranschaulicht unser Versagen. Warum sich aber schlecht fühlen? Wenn Sie etwas nicht tun werden, streichen Sie es von der Liste. Und wenn Sie stets Erfolg haben möchten, schreiben Sie nichts auf Ihre Liste, das Sie nicht zu tun beabsichtigen!

Abschließen der Coaching-Folge

An diesem Punkt ist die Coaching-Folge beendet. Es ist nun Aufgabe des Coaches, dem Gecoachten eine klare und genaue schriftliche Aufzeichnung der vereinbarten Handlungsschritte und seiner Antworten zu allen WILLENS-Fragen in die Hand zu geben. Der Coach sollte ihn dazu bringen, sie zu lesen und zu bestätigen, daß die Aufzeichnungen richtig sind, daß sie seinen Plan wiedergeben, daß er sie völlig versteht und daß er beabsichtigt, den Plan auszuführen. An diesem Punkt biete ich als Coach dem Gecoachten gewöhnlich meine weitere Unterstützung an und versichere ihm nochmals, daß ich zur Verfügung stehe, falls er mich brauchen sollte. Manchmal biete ich ihm an, mich nach einem angemessenen Zeitraum selbst wieder zu melden, einfach um zu sehen, wie die Dinge laufen. Das dient alles dazu, den Gecoachten erkennen zu lassen, daß es auf ihn ankommt. Ich möchte, daß der Gecoachte die Sitzung mit einem guten Gefühl verläßt, sowohl was ihn selbst als auch seine Chancen betrifft, die Aufgabe zu bewältigen. Nur dann wird er es schaffen. Im folgenden wird gezeigt, wie Mike diese abschließende und wichtige WILLENS-Phase mit Joe anpackt.

MIKE:

Nun, Joe, ich möchte Dich an unsere Liste erinnern.
Häufiger, länger oder weiter joggen.
Weniger und gesünder essen und trinken.
Zur Gymnastik gehen.
Schwimmen.
Squashspielen.
Golf.
Radfahren.
Spazierengehen.
Treppen hinauflaufen.
Hanteln und/oder Trimm-Dich-Übungen zu Hause.
Was wirst Du tun?

JOE:
Ich werde definitiv weiter joggen, zumindest dreimal die Woche für 20 Minuten.
MIKE:
Wann fängst Du damit an?
JOE:
Nächsten Dienstag.
MIKE:
An welchem Tag und zu welcher Uhrzeit wirst Du jeweils joggen?
JOE:
In der Regel dienstags und donnerstags sofort nach der Arbeit und am Sonntag morgen, dann für eine halbe Stunde.
MIKE:
Wirst Du noch etwas anderes tun?
JOE:
Ja, ich werde überhaupt keine Chips und keine Schokolade mehr essen.
MIKE:
Wie steht's mit dem Trinken?
JOE:
Ich habe gehofft, Du würdest nicht direkt danach fragen! Also gut, keinen Wein mehr und nur ein kleines Bier am Tag.
MIKE:
Ist das realistisch? Kannst Du bei einem kleinen Bier bleiben, wenn Du mit Freunden zusammen bist?
JOE:
Wahrscheinlich nicht.
MIKE:
Ich mache Dir einen Vorschlag.

JOE:

Welchen?

MIKE:

Dreieinhalb Bierchen pro Woche. Wenn Du Dir an einem Tag mehr genehmigst, trinkst Du die nächsten ein, zwei Male zum Ausgleich eben gar nichts.

JOE:

Das klingt gut. Das ist viel einfacher einzuhalten, aber das Ergebnis ist das gleiche.

MIKE:

Wann fängst Du an?

JOE:

Am Sonntag.

MIKE:

Irgendwelche anderen sportlichen Betätigungen?

JOE:

Ich werde mich um ein paar Squashstunden bemühen, um zu sehen, ob ich es mag und richtig damit anfange.

MIKE:

Wann?

JOE:

Ich wußte, daß Du mich das fragen würdest! Ich werde den Trainer heute anrufen und nächste Woche die erste Stunde nehmen.

MIKE:

Und die nächste Stunde?

JOE:

Die Woche darauf.

MIKE:

Noch etwas?

JOE:

Jetzt haben wir November, und da werde ich sicherlich

nicht damit anfangen, mit dem Rad zur Arbeit zu fahren. Das kommt zu den Sachen, die ich mir am ersten April noch mal vorknöpfe.

MIKE:

Ich werde Dich daran erinnern [er zieht seinen Terminkalender hervor] und ich mache keine Witze!

JOE:

Vielleicht könnte ich in der Zwischenzeit ein paar Trimm-Dich-Übungen zu Hause machen.

MIKE:

Welche und wie oft?

JOE:

Du bist der Experte. Sage es mir.

MIKE:

Wir werden darauf zurückkommen. War's das?

JOE:

Das sollte mehr als genug sein, um mein Ziel zu erreichen.

MIKE:

Das stimmt. Aber ist es auch realistisch?

JOE:

Ich glaube schon.

MIKE:

Welche möglichen Hindernisse siehst Du?

JOE:

Weihnachten wegen des Essens und Trinkens und schlechtes Wetter wegen des Laufens. Das ist alles. Und natürlich meine angeborene Faulheit.

MIKE:

Wie willst Du damit fertig werden?

JOE:

Gestatte mir in der Weihnachtswoche ein paar Bierchen mehr und einen Teller Chips! In der Woche danach habe ich Urlaub und werde zweimal zusätzlich joggen.

MIKE:

Was, wenn es dann oder irgendwann anders sehr kalt ist oder Schnee liegt?

JOE:

Dann gehe ich statt dessen Squashspielen oder Schwimmen. Ich weiß, was Du fragen wirst. Also vierzig Minuten Squash oder zwanzig Bahnen schwimmen.

MIKE:

Wie steht es mit der Faulheit, unter der Du wie wir alle leidest?

JOE:

Ich brauche ständig jemanden, der mich antreibt.

MIKE:

Gerade wollte ich darauf zu sprechen kommen. Welche Unterstützung brauchst Du und von wem?

JOE:

Meine Frau für das Essen und daß sie mich zum Laufen anhält. Ich werde heute abend mit ihr über alles reden.

MIKE:

Irgendwelche andere Unterstützung?

JOE:

Es würde mir auch helfen, wenn Du alle paar Wochen anrufen würdest. Ich würde von Dir auch gerne ein paar gute sportliche Übungen für zu Hause gezeigt kriegen. Ich möchte mir keine Hanteln und all dies Zeug kaufen.

MIKE:

Sicherlich, um den Körper so aufzurichten, wie ich es Dir vormache, brauchst Du niemanden, der Deine Füße festhält, und diese Übung ist für die Bauchmuskeln genauso gut. Fange mit zehn an und steigere Dich dann bei jeder Wiederholung. Gehe in die Hocke und stoße Dich nach oben ab. Auch bei dieser Übung ist es besser, sie regelmäßig zu wiederholen als mit Macht zu forcieren. Mache diese Übungen ungefähr zehn Minuten am Tag, das wäre bestens.

JOE:

Okay. Jeden Morgen, wenn ich aufstehe. Falls ich es mal einen Tag versäume, kann ich es am Abend nachholen. Wenn ich die Übungen mal einen ganzen Tag nicht mache, werde ich sie am nächsten Tag dafür zweimal durchziehen.

MIKE:

Wann fängst Du damit an?

JOE:

Wie wär's mit morgen früh?

MIKE:

Du bist angesichts Deiner Vergangenheit erstaunlich willig, Dir ein ziemlich ehrgeiziges Programm aufzubürden. Wie hoch schätzt Du Deine Chancen auf einer Skala von eins bis zehn ein, daß Du Dich die nächsten drei Monate auch daran halten wirst?

JOE:

Das ist schwierig. Ich nehme an, sieben.

MIKE:

Könntest Du etwas weglassen oder reduzieren, so daß Deine Bewertung besser wird?

JOE:

Ich glaube, es ist einfach zuviel. Ich habe so meine Zweifel, was das Squashspielen betrifft. Erstens, weil ich das nicht alleine und wann ich will machen kann, und zweitens auch nicht auf die schnelle. Wenn ich das weglasse, gebe ich mir eine neun.

MIKE:

Gut. Eine letzte Überprüfung. Entspricht dieses Programm Deinem Ziel?

JOE:

Der Akzent hat sich zwar verändert, aber ich denke, daß mein Ziel sogar übertroffen wird. Ich bin sehr zuversichtlich, daß ich Erfolg haben werde.

Nicht alle Coaching-Sitzungen laufen so geradlinig ab wie diese. Auf seiten des Gecoachten können weitaus größere Widerstände und Komplikationen auftreten. Die eben geschilderte Coaching-Sitzung ist allerdings ziemlich typisch und illustriert gut die Mehrzahl der Coaching-Prinzipien.

Die meisten Coaching-Sitzungen werden, wie bereits erwähnt, weniger formalisiert und strukturiert sein als diese. Sie finden in einer Art und Weise statt, die von den Uneingeweihten nicht einmal unbedingt als Coaching wahrgenommen werden muß. Die Gecoachten glauben dann einfach, daß jemand besonders behilflich und rücksichtsvoll war sowie offensichtlich gut zuhören konnte. Ob nun strukturiert oder informell, die grundlegenden Prinzipien, nämlich das BEWUSSTSEIN des Schützlings zu schärfen und VERANTWORTUNG in ihm aufzubauen, bleiben entscheidend für ein gutes Coaching.

12 Was ist Leistung?

Mein Wörterbuch beschreibt Leistung als ›die Erfüllung von Aufgaben, die von einem gefordert werden‹. Das klingt jedoch so, als wenn dafür nur das unbedingt Nötigste zu tun sei, und entspricht nicht meiner Definition von Leistung im vorliegenden Buch.

Wirkliche Leistung geht über das hinaus, was erwartet wird. Sie bedeutet, sich selbst gleichbleibend hohe Standards zu setzen, die das, was andere fordern oder erwarten, übersteigen. Darin spiegelt sich natürlich das eigene Potential wider. Diese Bedeutung entspricht eher der zweiten Definition von Leistung in meinem Lexikon: ›Eine Tat, ein Werk, eine sichtbare Demonstration der Fertigkeit.‹ Darauf zielt mein Coaching ab.

Die Demonstration des gesamten eigenen Potentials verlangt per definitionem die Übernahme vollständiger Verantwortung. Sonst wäre es nicht das eigene Potential, sondern teilweise das einer anderen Person. Deshalb ist Coaching der fundamentale Stil oder das wesentliche Mittel des Managements, um Potential und Leistung der Mitarbeiter zu optimieren. Durch Kommandieren, Fordern, Instruieren oder

Überreden in Form offener oder versteckter Drohungen wird keine dauerhafte optimale Leistung erzeugt, selbst wenn die Leute die Arbeit schaffen können.

Ein Leiter oder Manager muß sich fragen, wie gut die Arbeit seiner Vorstellung nach getan wird oder die erwartete Leistung sein soll. Aber weiß er auch, wie eine wirklich gute Leistung aussehen würde? Coaching kann zu einer Leistung führen, die sowohl die Erwartungen des Coaches/Managers als auch die Träume des Gecoachten übersteigt.

Im Sport sind Erfolg und Mißerfolg eindeutig definiert. Die Regeln sind einfach, die Zeitspanne ist kurz, und körperliche oder geistige Unpäßlichkeiten sind klar festzumachen. Daher ist es nicht schwer, Selbstmotivation hervorzurufen. Die Boulevardpresse macht uns glauben, daß Ruhm und Glück der Traum jedes Sportlers seien. Das gilt vielleicht für einige. Die meisten sind jedoch auf weniger greifbare Ziele aus wie Identität, Selbstachtung, das Gefühl hervorragender Leistung und die Erfahrung, den Gipfel seines Könnens zu erreichen. Das sind einzigartige persönliche Belohnungen, die nur der Empfänger erlebt.

Der berufliche Erfolg ist weniger glänzend und stellt sich vergleichsweise langsam ein. Der Lebensqualität am Arbeitsplatz kommt aufgrund der dort verbrachten Stunden und Jahre eine weitaus größere Bedeutung zu. Wenige führende Industrielle treten ins Rampenlicht der Öffentlichkeit, und diejenigen, denen das widerfährt, sind wahrscheinlich eher verrufen als berühmt. Die Geschäftswelt bietet andererseits zahllose kleine und große Gelegenheiten für das Erreichen persönlicher Ziele, die man sich zum Zwecke optimalen persönlichen Wachstums selbst gesteckt haben kann. Leider gelingt es nur wenigen Menschen, ihren Arbeitsplatz als eine Schule der Selbstentwicklung oder ihre täglichen Aufgaben als Herausforderungen anzusehen. Es überrascht deshalb kaum, daß ihrer Leistung der entscheidende Funke fehlt.

Das Unternehmen Johnsonville Sausage

Johnsonville Sausage war der Name eines Familienbetriebs, der in Wisconsin Wurst herstellte und dessen Verwaltung 1980 in den Händen von Ralph Stayer lag. Stayer veröffentlichte 1990 in der November/Dezember-Ausgabe der *Harvard Business Review* einen Artikel über seine Firma unter dem Titel »How I Learned to Let My Workers Lead«. Ich will daraus zitieren.

Bei Johnsonville Sausage waren Wachstum, Verkäufe und Profite gut. Es handelte sich allem Anschein nach um ein erfolgreiches Unternehmen, aber, so schrieb Stayer, »was mich mehr beunruhigte als die Konkurrenz, war die Kluft zwischen Potential und Leistung«. »Niemand vergeudete absichtlich Geld, Zeit und Material. Aber die Leute übernahmen einfach keine Verantwortung für ihre Arbeit. Sie kreuzten morgens auf, taten halbherzig, was ihnen gesagt wurde, und gingen dann wieder nach Hause.«

Die Situation, die Stayer beschreibt, ist allzu verbreitet. Er erkannte aber deutlich die lebenswichtige Rolle, die Verantwortung dabei spielt, die Leistung auf das Niveau des Potentials zu bringen. Nach eigenem Eingeständnis ging Stayer dann »von der autoritären Kontrolle zum gänzlichen Verzicht auf Autorität über«. Er zwang seinem Managementteam Verantwortung auf und erwartete, daß sie erriieten, was er wollte. Es funktionierte nicht. »Die frühen 80er übertragen konnte. Die Leute mußten sie wollen, verlangen, ja sogar fordern ... Um die Leute dazu zu bringen, ... mußte ich lernen, ein besserer Coach zu sein.«

Er änderte seine Methode. Anstatt des Topmanagements probierten nun die Metzger die Wurst. Sie wurden mit der Qualitätskontrolle und der Durchführung von Verbesserungen am Produkt und seiner Verpackung betraut. Als nächstes schnitt die Verkaufsetage das Thema ineffektiv arbeitender Kollegen an.

Wir boten an, ihnen zu helfen, Leistungsstandards zu setzen, und sie darin zu coachen, Mitarbeitern mit geringer Leistung gegenüberzutreten. Wir bestanden allerdings darauf, daß sie sich selbst mit der Situation auseinandersetzen mußten, da sie die Fachleute für die Produktionsleistung waren. Ich biß mir immer und immer wieder auf die Zunge. Aber sie übernahmen die Verantwortung für den Umgang mit Leistungsproblemen und entließen tatsächlich Leute, die nicht die Leistungsstandards des Teams erbrachten.

Die Belegschaft von Johnsonville war bald für fast alle Funktionen verantwortlich. Begriffe wie Angestellter und Untergebener wurden durch »Mitglieder« der Organisation ersetzt. Die Manager wurden als »Koordinatoren« oder »Coaches« bezeichnet. Diese begriffliche Veränderung bestimmte den Ton in der erneuerten Organisation. Die Fähigkeit, zu lehren, zu coachen oder zu fördern, führte eher zur Beförderung als Führungs- oder Problemlösequalitäten im traditionellen Sinn.

Stayer bemerkte, daß die Belegschaft

sehen wollte, ob ich das, was ich predigte, auch praktizierte. Ich demonstrierte gleich von Anfang an mit einfachen Dingen meine Aufrichtigkeit. So malte ich ein Schild für meinen Schreibtisch, auf dem zu lesen war: DIE FRAGE IST DIE ANTWORT. Wenn

Leute mit Fragen zu mir kamen, fragte ich mich selbst, ob ich sie auch beantworten sollte. Das war ausnahmslos nicht der Fall. Die Leute baten mich immer, Entscheidungen für sie zu treffen. Anstatt zu antworten, drehte ich den Spieß um und stellte meinerseits die Fragen. So versuchte ich, die Leute ihre eigenen Probleme wieder in Besitz nehmen zu lassen.

Mit der Zeit wurden die »Mitglieder« ermächtigt, strategische Entscheidungen selbst zu treffen, und sie taten das mit Erfolg. Stayer begann gar, sich als Berater seiner eigenen Firma zu sehen.

Als ich mit diesem Veränderungsprozeß vor zehn Jahren anfing, freute ich mich auf die Zeit, wann alles vorüber wäre und ich zu meiner eigentlichen Arbeit zurückkehren könnte. Aber ich habe gelernt, daß Wandel die tatsächliche Aufgabe jedes effektiven Unternehmensleiters ist, weil es bei ihm um die Gegenwart und die Zukunft, nicht um die Vergangenheit geht. Der Wandel hört nie auf. Und noch etwas habe ich gelernt, nämlich daß der Grund für die Aufregung bei Johnsonville Sausage nicht der Wandel an sich ist, sondern der Prozeß, durch den er in Gang gebracht wurde. Lernen und Verantwortung geben Kraft, und nach etwas zu streben, läßt unsere Herzen höher schlagen.

Von einer Gruppe oder einer Person, man selbst eingeschlossen, eine bessere Leistung zu erhalten, bedeutet einen permanenten Wandel in der Art und Weise, wie man denkt und sein Unternehmen leitet. Ein derartiger Wandel ist nicht mit einer einzelnen Aktion durchzuführen, sondern er ist eine Reise, und die Reise hat einen festen Ausgangspunkt [REALITÄT] und einen klaren Bestimmungsort [ZIEL].

Um die Veränderungen vorzunehmen, die zu großer Leistung führen, empfehle ich daher, sich auf Ziele, Erwartungen, Kontexte, Handlungen und Lernen zu konzentrieren.

Stayer praktiziert eindeutig, was er predigt. Die Belegschaft antwortet mit einer außergewöhnlichen Leistung, und daß

Lernen und Vergnügen bei Johnsonville Sausage in sehr hohem Maße gegeben sind, steht auch außer Zweifel. Zu derartig radikalen Veränderungen in einer Organisation bedarf es des Mutes. Aber jeder Unternehmensleiter, der sich wirklicher Leistung sicher sein und vielleicht in einer ungewissen Zukunft überleben möchte, wird gut daran tun, große Veränderungen zu erwägen. Aber wo fangen diese an?

Coaching, um die eigene Leistung und die von anderen oder von Gruppen zu verbessern, ist eine einfache und geradlinige Sache, vorausgesetzt, die zugrundeliegenden Prinzipien werden voll beachtet. Und mit der Übernahme eines Coaching-Stils im Management fängt der Wandel an. Ein Wort der Warnung: Selbst Manager, die Coaching im großen Umfang einsetzen, können versagen, wenn sie sich ausschließlich auf die Leistungsverbesserung konzentrieren. Leistung, Lernen und das Vergnügen daran sind unentwirrbar miteinander verflochten. Alle drei werden durch ein geschärftes Bewußtsein, ein grundlegendes Coaching-Ziel, gesteigert. Es ist jedoch möglich, sich ziemlich erfolgreich vor allem auf die Entwicklung eines dieser Bereiche zu konzentrieren, wenn auch nur für kurze Zeit.

Wird jedoch ein Bereich vernachlässigt, werden früher oder später die anderen beiden leiden. Beispielsweise kann die Leistung nicht aufrechterhalten werden, wenn kein Lernen stattfindet oder kein Vergnügen da ist. Viele Berufssportler haben Zeiten erlebt, in denen sie jeglichen Spaß an ihrem Sport verloren hatten. Genauso läßt vielleicht nach zwei oder drei Tagen unsere Lust nach, am Strand in der Sonne zu liegen. Wir suchen uns dann andere Betätigungsfelder wie Strandtennis oder neue Herausforderungen wie Tauchkurse. Lerneinrichtungen, die keine zusätzlichen Herausforderungen auf künstlerischem oder sportlichem Gebiet anbieten und an denen Vergnügen mißbilligt wird, können die hohen Lernstandards nicht halten, die sie doch so dringend und ausschließlich suchen. Die wahre Definition von Leistung zu Coachingzwecken sollte auch Lernen und Vergnügen umfassen.

13 Beurteilung und Anwendung

Bisher haben wir Coaching als Mittel betrachtet, um bestehende Fragen der Planung, der Problemlösung, der Überprüfung, der Entwicklung von Fertigkeiten und dergleichen anzusprechen. In diesem Kapitel wird eine Coaching-Methode demonstriert, die auf alle entwicklungsbezogenen oder die Leistung verbessernden Anforderungen angewandt werden kann.

Die bewußtseinsfördernde Liste

In der Geschäftswelt wird viel davon gesprochen, die Stärken und Schwächen des Personals, der Prozesse und Produkte zu identifizieren. Wir können alle diese und sogar unsere eigenen aufschreiben. Wir können auch andere Dinge auflisten, etwa die Qualitäten, die ein zukünftiger Mitarbeiter haben soll, oder die, die wir gerne in einem Arbeitsteam fördern oder bei uns selbst entwickeln würden. Wir können die Funktionen unserer Organisation, einer Abteilung oder einer einzelnen Person erfassen. Wir können die erforderlichen technischen, zwischenmenschlichen oder manuellen Fertigkeiten verzeichnen. Die Dinge auf diese Weise stärker in ihre Einzelteile aufzugliedern, ist eine Ebene, das Bewußtsein zu schärfen.

Wir können diesen Prozeß des Bewußtmachens durch diese Liste einen Schritt voranbringen, indem wir die verzeichneten Stärken, Schwächen, Qualitäten, Funktionen oder Fertigkeiten auf der uns nun schon vertrauten Skala von eins bis zehn bewerten. Dabei kann entweder unsere Wunschvorstellung, wie die Dinge sein sollten, oder unsere Einschätzung ihres gegenwärtigen Zustandes bewertet werden.

Selbstbeurteilung

Im Unternehmensbereich wird einer solchen Beurteilung anderer – Gleichrangiger, Untergebener oder sogar Chefs – viel Bedeutung beigemessen. Meiner Meinung nach ist jedoch die Selbstbeurteilung die produktivste Bewertungsform. Eine anderen übertragene und von ihnen vorgenommene Beurteilung unserer Fertigkeiten und Qualitäten sollte am besten als Rückmeldung, als wertvolles Ausgangsmaterial, angesehen werden, das uns zu Entscheidungen über unsere Handlungen veranlassen kann, und nicht als ein Urteil oder die Wahrheit, die einen entmutigenden Einfluß auf uns haben könnte. Ein Video zeigt andererseits, was bei einer bestimmten Gelegenheit tatsächlich passiert ist. Es sollte aber eher eingesetzt werden, um eine Person zu informieren, als um sie zu kritisieren. Die Selbstbeurteilung umgeht die negativen Auswirkungen der

Kritik und bewahrt Verantwortung dort, wo sie für effektives Handeln und eine Verbesserung der eigenen Leistung gebraucht wird. Im folgenden geben wir ein Beispiel.

Eigenschaften

Ich könnte die Qualitäten und Fertigkeiten, die ich für eine gute Erledigung meiner Arbeit am meisten bräuchte, wie unten in wahlloser Reihenfolge auflisten. Die zweite Spalte gäbe meine gegenwärtige Beurteilung wieder und die dritte mein berechtigterweise erhofftes Entwicklungsziel.

	Wie ich jetzt bin	Ziel
Kommunikativ	8	9
Einfühlsam	6	9
Geduldig	7	9
EDV-Kenntnisse	4	7
Administrativ tüchtig	6	8
Begeisterungsfähig	8	8
Wachsam und aufmerksam	8	9
Buchhaltungskompetenz	5	7

Durch dieses Vorgehen erhöhe ich sicherlich mein Ich-Bewußtsein. Im Sinne des Coaching-Prozesses habe ich aber noch mehr getan. Die zweite Spalte repräsentiert die REALITÄT und die dritte ein realistisches, bestimmtes, meßbares, positiv formuliertes, lockendes ZIEL. Ich muß nur noch wählen, an welcher Eigenschaft ich arbeiten möchte, und einen Zeitrahmen festlegen, und schon habe ich die ersten beiden Stufen eines einfachen Selbstcoaching-Prozesses abgeschlossen

Es kostet etwas Zeit, alle OPTIONEN aufzulisten, die mir für die Entwicklung der gewählten Fertigkeit oder Qualität zur Verfügung stehen. Sobald ich mir eine Eigenschaft ausgesucht habe, könnte ich die positiven Verhaltensweisen aufschreiben, die ich mit Menschen assoziiere, bei denen diese Eigenschaft reichlich vorhanden ist. Handlungsschritte nehmen nämlich normalerweise eher die Form neuer Verhaltensweisen als neuer Eigenschaften an, deren Entwicklung länger dauert. Der Erfolg dieser neuen Verhaltensweisen wird mit der Zeit dazu führen, daß ich mich bei der zugrundeliegenden Eigenschaft selbst höher beurteilen kann.

Schließlich richte ich die WILLENS-Fragen an mich selbst und stelle einen Handlungsplan auf.

Gruppenbeurteilung

Diese Übung kann man in abgewandelter Form für sich selbst, mit anderen und mit Gruppen durchführen. Es ist besonders interessant,Teammitglieder wünschenswerte Gruppeneigenschaften aufschreiben und ihre Gruppe dann bezüglich dieser beurteilen zu lassen. Die Unterschiedlichkeit der Zahlen bietet Möglichkeiten, die verschiedenen Beurteilungskriterien der Personen und die unterschiedlichen Erfahrungen der einzelnen Mitglieder mit derselben Gruppe zu diskutieren.

Eine Gruppe von fünf Personen wurde beispielsweise gebeten, die vier in ihren Augen wichtigsten Gruppeneigenschaften aufzuschreiben. Ihre Listen fielen wie folgt aus:

JOE	MIKE	SUSAN	VALERIE	DAVID
Humor	Vertrauen	Rückhalt	Zusammenarbeit	Toleranz
Geduld	Mut	Flexibilität	Vertrauen	Zusammenhalt
Rückhalt	Zusammenarbeit	Enthusiasmus	Verträglichkeit	Vertrauen
Freundschaft	Anpassungsfähigkeit	Selbstlosigkeit	Rückhalt	Engagement

Diese Listen wurden zu einer zusammengefaßt. Zusammenarbeit und Zusammenhalt wurden, genauso wie Anpassungsfähigkeit und Flexibilität, als das gleiche angesehen. Jedes Gruppenmitglied wurde dann gebeten, die Gruppe bezüglich der genannten Eigenschaften für sich auf einem Blatt Papier zu beurteilen. Hier das Ergebnis:

	JOE	MIKE	SUSAN	VALERIE	DAVID	Mittelwert
Rückhalt	7	8	4	6	6	6.2
Zusammenarbeit	8	7	8	6	9	7.6
Vertrauen	7	5	5	7	5	5.8
Anpassungsfähigkeit	9	7	8	9	6	7.8
Geduld	7	8	4	6	8	6.6
Freundschaft	9	9	7	5	4	6.8
Engagement	8	8	9	8	8	8.2
Mut	5	6	7	7	8	6.6
Humor	8	6	3	4	5	5.2
Enthusiasmus	7	7	8	6	7	7.0
Verträglichkeit	6	6	6	7	6	6.2
Selbstlosigkeit	8	7	6	8	6	7.0
Toleranz	7	6	6	6	5	6.0

Die Gruppenmitglieder wurden in diesem Fall nicht gebeten, zusätzlich zu beurteilen, wieviel sie selbst bezüglich dieser Eigenschaften zur Truppe beisteuerten. Sie sollten auch nicht die jeweiligen Beiträge der anderen zum Gesamtwert dieser Eigenschaften in der Gruppe beurteilen. Derartige Bewertungen können ungeheure Diskussionen, Streitereien, Liebesaffairen und mancherlei Stiche ins Wespennest auslösen. Wenn ich allerdings mit einem Team arbeiten sollte, das Gold holen will oder von dem mein Leben abhinge, würde ich sie durchführen wollen und noch mehr!

Die obigen Bewertungen zeigen, daß am Vertrauen in der Gruppe gearbeitet werden muß, daß Joes Art von Humor besonders bei den weiblichen Gruppenmitgliedern nicht sehr beliebt ist, daß Susan sich manchmal auf den Schlips getreten und David sich isoliert fühlt. Hier gibt es viel Spielraum für individuelles Coaching durch ein anderes Mitglied oder einen Außenstehenden, für eine Gruppendiskussion der OPTIONEN und eine Einigung der Gruppe auf die Handlungsschritte, die sie unternehmen WILL, um das Niveau einiger dieser Eigenschaften zu heben.

Umformung von Schwächen: Coaching, um Eigenschaften in Gruppen oder Individuen aufzubauen, ist eine Methode, Schwächen ins Positive umzukehren. Es ist weitaus kreativer und erfolgversprechender als der Versuch, sie auszutreiben. Man kann sich unendlich viele Variationen der Coaching-Übungen anhand dieses Grundmodells und Beispiele für alle Arten von Situationen ausdenken. Es liegt an Ihnen.

14 Die Entwicklung eines Teams

Wenn ein Team Höchstleistungen erbringen soll, müssen wir nicht nur das Erfolgs-Coaching von Gruppen untersuchen, sondern auch die Dynamik der Teamentwicklung begreifen. Ich benutze ein einfaches, leicht verständliches Dreistufenmodell. Die Stufen können bei den meisten Gruppen rasch identifiziert werden. Zwar gibt es komplexere und raffiniertere Modelle, sie sind aber meiner Erfahrung nach von geringerem praktischen Nutzen.

Die Anzahl der Gruppenmitglieder kann sich von einer Handvoll bis hin zur ganzen Nation erstrecken. Gruppen von mehr als fünfzehn oder zwanzig Personen sollten am besten in Untergruppen aufgeteilt werden. Aber ob es sich nun um eine Primärgruppe oder eine Unter-Unter-Untergruppe handelt, gewisse Merkmale bleiben immer dieselben.

Hochleistungsteams

Das Modell paßt gut mit der Übung zu Gruppeneigenschaften aus dem vorherigen Kapitel zusammen. Wenn wir beispielsweise die Ansichten dieser Gruppenmitglieder zugrundelegen, könnten wir sicher sagen, daß ein Team dann effektiv ist und die höchsten Leistungen erbringt, wenn die folgenden Eigenschaften vorhanden sind:

Rückhalt	Zusammenarbeit
Vertrauen	Anpassungsfähigkeit
Geduld	Freundschaft
Engagement	Mut
Humor	Enthusiasmus
Verträglichkeit	Selbstlosigkeit

Eine Gruppe, die in bezug auf jede dieser Eigenschaften berechtigterweise mit einer Zehn bewertet werden könnte, würde tatsächlich ein Hochleistungs- und Ausnahmeteam sein. Wie kann man nun ein Team so hinbekommen? Manche würden sagen, mit der richtigen chemischen Mischung und einer großen Portion Glück. Andere wären vielleicht nicht so überzeugt, daß es sich um ein derart großartiges Team handelte, glauben sie doch, daß interne Reibereien und Konkurrenz gute Leistungen erzeugen. Sie glauben das aber nur deshalb, weil sie niemals etwas Besseres gesehen haben. So selten sie auch sein mögen, aber solche Gruppen existieren wirklich, und zwar im Unternehmensbereich wie im Sport.

Glück oder Urteilsvermögen

Obgleich Hochleistungsteams in der Vergangenheit oft durch Glück entstanden sind, haben sich einige auch kraft des Verständnisses und der Bemühungen der Gruppenmitglieder und ihres Leiters entwickelt. Eine solche Gruppe war das englische Feldhockey-Team, das 1988 die Goldmedaille bei den Olympischen Spielen in Seoul gewann. Mit ihrem damaligen Coach, David Whitaker, der weitgehend für ihre Gruppenentwicklung verantwortlich war, arbeite ich jetzt im Unternehmensbereich eng zusammen. Er sagte über die Truppe: »Sie wurden zu einer harmonischen, dynamischen Einheit, ohne die speziellen individuellen Talente, die die einzelnen Spieler einbrachten, zu negieren.«

Stufen der Teamentwicklung

Ein Gruppenleiter muß zuallererst die Stufen, durch die sich ein Team entwickelt, völlig verstehen, damit er den Prozeß unterstützen und beschleunigen kann. Den idealen Gruppenzustand bezeichnen wir als Kooperationsstufe. Um diesen zu erreichen, muß das Team jedoch zuerst zwei andere Phasen durchlaufen. Wie lassen sich diese charakterisieren?

Einbeziehung: Die erste Stufe ist die EINBEZIEHUNG. Auf dieser Stufe bestimmen die Leute, ob sie ein Gruppenmitglied sind und sich auch als solches fühlen. Angst und Introvertiertheit sind dabei weit verbreitet. Bei manchen Menschen verstecken sie sich allerdings hinter einem genau entgegengesetzten Kompensationsverhalten. Vielleicht zogen Ihre Eltern um, als Sie noch ein Kind waren. Plötzlich fanden Sie sich dann mitten im Schuljahr in einer neuen Schule wieder, umgeben von lauter Fremden. Sie erinnern sich bestimmt gut an Ihre Gefühle: Sie fühlten sich ausgeschlossen. Sie suchten verzweifelt einen Freund, nur einen, um das Gefühl der Dazugehörigkeit zu haben, um wie die anderen zu sein und gemocht zu werden. Gruppenmitglieder sind in dieser Phase vielleicht geistig nicht besonders produktiv. Ihre ganze Konzentration richtet sich auf ihre emotionalen Bedürfnisse und Belange.

Falls ein Gruppenleiter ernannt worden ist, werden sich die Mitglieder von ihm Akzeptanz und Führung erhoffen. Sein Ton und das Vorbild, das er gibt, sind auf dieser Stufe wichtig. Sie werden schnell zur akzeptierten Gruppennorm. Wenn der Leiter beispielsweise Offenheit und Ehrlichkeit an den Tag legt und seine Gefühle oder sogar eine persönliche Schwäche zeigt, werden die anderen es ihm nachtun. Dadurch wird ein guter Umgangsstil eingeführt. Es ist eine Zeit des Ausprobierens. Ein guter Leiter wird versuchen, die individuellen Belange anzusprechen und zu befriedigen, so daß sich die Gruppe als Ganzes vorwärtsbewegen kann. Bei vielen Menschen dauert diese Phase zum Glück nicht allzu lange. Aber sie kann sich bei einigen auch über Wochen oder Monate erstrecken, bis sie sich als Teil des Teams fühlen. Wer in der Kindheit ein starkes Gefühl persönlicher Sicherheit entwickeln konnte, wodurch sich in der Regel Führungspersönlichkeiten auszeichnen, tut gut daran, tolerant gegenüber jenen zu sein, die dieses Glück nicht hatten, und ihnen zu helfen.

Behauptung: Wenn sich die meisten Gruppenmitglieder erst einmal einbezogen fühlen, taucht ein anderes dynamisches Moment auf, nämlich das der individuellen BEHAUPTUNG. Es ist eine Zeit, in der Macht ausgedrückt und Grenzen erweitert werden, wie bei Tieren, die ihr Territorium markieren, und wehe einem Gegner, der es wagt, einzudringen. In dieser Phase wird die Hackordnung hergestellt. Im Unternehmensbereich benutzt man für dieses Vorgehen den höflichen Begriff der Rollen- und Funktionsverteilung, wobei die sprachlichen Bezeichnungen oft netter als die Handlungen sind. Innerhalb der Gruppe läuft der Wettbewerb auf vollen Touren. Die Konkurrenz kann sogar zu außergewöhnlichen individuellen Leistungen führen, manchmal allerdings auf Kosten anderer. In dieser Phase entdekken die Leute ihre Stärken und probieren sie aus, und die Gruppe kann durchaus den fehlenden Zusammenhalt durch gesteigerte Produktivität wettmachen.

Diese Entwicklungsphase ist wichtig und wertvoll. Sie kann für den Gruppenleiter allerdings hart sein. Die Führung wird angefochten. Die Gruppenmitglieder müssen herausfinden, daß sie nicht unbedingt immer der gleichen Meinung zu sein brauchen wie der Leiter, bevor sie willens sind, ihm zuzustimmen. Sie müssen ihren Willen innerlich durchsetzen, um äußerlich für die Gruppenanwendung Abstriche machen zu können. Ein guter Gruppenleiter wird den Teammitgliedern anbieten, Verantwortung zu übernehmen, und sie darin bestärken. Er befriedigt so ihr Behauptungsbedürfnis. Es ist wichtig, daß der Leiter derartige Kampfansagen zuläßt. Leider fühlen sich jedoch viele Leiter dadurch bedroht, verharren auf der Stelle und behaupten ihre eigene Autorität, um den Prozeß zu kontrollieren. Es braucht einen Balanceakt.

Leiter von Trainingsgruppen erleben diese Phase eines Fünftage-Gruppentrainings oft als den ›Macht-den-Trainer-nieder-Tag‹. Sie beginnt gewöhnlich gegen Ende des zweiten Tages. Einem guten Leiter gelingt es jedoch normalerweise, während des dritten Tages ›wiederaufzuerstehen‹. Wenn diese Phase mit dem Besuch eines externen Referenten zusammenfällt, kann dieser aus kaum ersichtlichen Gründen unversehens in einen heftigen Strudel hineingerissen werden! Dies alles ist nicht nur notwendig, sondern sogar gesund. Es gehört zur Gruppendynamik. Aber allzuoft laufen diese Wechselspiele um des äußeren Anscheins willen im verborgenen ab und brauchen deshalb länger, bis sie sich von selbst legen.

Eine Gruppe kann in dieser Phase, wie gesagt, recht produktiv sein, wodurch vielleicht der Blick für ein noch größeres Potential verstellt wird, das so unerkannt bleibt. Die meisten Geschäfts- oder Sportgruppen kommen in der Tat nur selten über diese Phase hinaus, im großen und ganzen deshalb, weil es in etwa der Punkt ist, den unsere gesamte westliche Industriegesellschaft gemeinsam erreicht hat. Diese Phase hinter sich zu lassen, bedeutet daher, über die Norm hinauszugehen. Das ist allerdings nicht so schwierig, wie allgemein angenommen – mit Coaching.

Kooperation: Zu Beginn dieses Kapitels wurden einige der positivsten Merkmale, die in der KOOPERATIONS-Phase eines Teams vorherrschen, untersucht. Ich will damit nicht sagen, daß in einer solchen Gruppe alles eitel Sonnenschein ist. Eine Gefahr der KOOPERATIONS-Stufe besteht gerade darin, daß es zu einer Überbetonung der Gruppe kommt. Sie macht es sich zu bequem und läßt keine abweichenden Meinungen mehr zu. Die produktivsten Gruppen sind in hohem Maße kooperativ, behalten aber eine gewisse dynamische Spannung bei. Die besten Gruppenleiter bewahren diese Spannung mit Fingerspitzengefühl.
Die folgende Tabelle gibt in Klammern eine andere Reihe von Bezeichnungen für die Folge der Gruppenentwicklung wieder sowie einige der hauptsächlichen Unterscheidungsmerkmale von Gruppen. Es gibt deren mehr.

Wenn beispielsweise ein Mitglied einer Gruppe auf der KOOPERATIONS-Stufe einen schlechten Tag hat, werden sich die anderen um es scharen und ihm beistehen. Passiert das auf der BEHAUPTUNGS-Stufe, feiern die anderen vielleicht im stillen den Sturz eines Konkurrenten. Auf der EINBEZIEHUNGS-Stufe werden es nur wenige erfahren oder sich darum kümmern.

Gruppenentwicklungsstufe		Merkmale		Maslows Hierarchie der Bedürfnisse
KOOPERATION (leistungsbringend)	wechselseitig abhängig	*Die Energie ist nach außen auf gemeinsame Ziele gerichtet*	Freiheit	Selbstverwirklichung
(normgebend)				
BEHAUPTUNG (stürmend)	unabhängig	*Die Energie konzentriert sich auf den inneren Wettbewerb*	Gier	Selbstachtung Achtung durch andere
EINBEZIEHUNG (formend)	abhängig	*Die Energie richtet sich nach innen auf das Binnenleben der Gruppenmitglieder*	Bedürfnis	Zugehörigkeit

kommen. Die ebenso vorrangigen sozialen Bindungsbedürfnisse bleiben hingegen teilweise unerfüllt. Nach Selbstachtung und der Achtung durch andere wird heutzutage oft erfolgreich im unternehmerischen, sportlichen oder sonstigen Wettbewerb gesucht. Solche Wettkämpfe sind manchmal unklar und selbsterzeugt, und es gibt für sie nur eine Handvoll Herausforderer, die sich genauso etwas vormachen. Nur wenn diese Bedürfnisse befriedigt werden, ist das sich selbst verwirklichende Individuum frei von zwingenden Ego-Bedürfnissen und voll kooperationsfähig zum größeren Wohle des Ganzen.

Eine Gruppe selbstverwirklichter Menschen, falls man sie finden könnte, würde schnell die KOOPERATIONS-Stufe der Gruppenentwicklung erreichen und infolgedessen herausragende Leistungen erbringen. Eine Gruppe, der hauptsächlich Menschen angehören, die Wertschätzung suchen, wäre weit entfernt von Zusammenhalt, aber überragende individuelle Leistungen wären nicht ungewöhnlich. Eine Gruppe von Leuten, die ängstlich darauf bedacht sind, gemocht zu werden und Anschluß zu finden, würde kaum überhaupt etwas leisten.

Diese drei Stufen überlappen sich natürlich, und ihre Trennlinien sind durchlässig. Position und Zustand einer Gruppe sind Schwankungen unterworfen, wenn sie sich personell verändert.

Viele Leser werden nichtsdestoweniger diese Stufen und ihre Merkmale aus eigener Erfahrung bei der Arbeit und beim Spiel unschwer wiedererkennen. Meiner Meinung nach befindet sich die gesamte westliche Industriegesellschaft in der Endphase der BEHAUPTUNGS-Stufe, wobei ein paar wenige erste Anzeichen der KOOPERATION durchscheinen (Live Aid; Umweltinteresse; die europäische

Integration 1992). Der Zusammenbruch der Sowjetunion war das unvermeidliche Ergebnis des Versuchs, die dortige Gesellschaft in die KOOPERATIONS-Stufe hineinzuzwingen, ohne ihr die organische Entwicklung durch die vorhergehenden Stufen zuzugestehen, und die Versuche, die Landkarte in Osteuropa und anderswo neu zu zeichnen, sind Ausdruck des zeitweiligen Rückfalls in die Probleme der EINBEZIEHUNG. Für manche stehen selbst ÜBERLEBEN und SICHERHEIT im Vordergrund.

Wenn wir also den Gedanken akzeptieren können, daß in Gruppen jeder Form und Größe eine Entwicklung dieser allgemeinen Art stattfindet, folgt daraus, daß wir der Gruppenentwicklung Widerstand entgegensetzen und sie somit verzögern oder daß wir sie fördern und beschleunigen können. Da die Mitglieder eines kooperativen Teams von ihrem Wesen her bewußter und selbstverantwortlicher sein werden als die meisten anderen, liegt es auf der Hand, daß Coaching eine Schlüsselfertigkeit für die Gruppenentwicklung ist. Wie man es am besten auf Gruppen anwendet, wird im folgenden Kapitel gezeigt.

Kooperation

↑

Behauptung

↑

Einbeziehung

Wie kann der Coach diesen Prozeß erleichtern und beschleunigen?

15 Das Coaching von Gruppen

Coaching durch Vorbild

Für einen Manager ist es das Wichtigste, vom ersten Augenblick an eine ›richtige‹ Beziehung zu dem von ihm betreuten Team aufzubauen. Sein Verhalten dient den Gruppenmitgliedern als Modell für ihr Verhalten. Sie werden ihm nacheifern, wenn auch anfangs, solange sie auf der EINBEZIEHUNGS-Stufe sind, wahrscheinlich in erster Linie, um seinen Beifall zu gewinnen.

Wenn der Gruppenleiter wünscht, daß im Team Offenheit und Ehrlichkeit herrscht, dann muß er von Beginn an offen und ehrlich sein. Wenn er möchte, daß die Gruppenmitglieder ihm und einander vertrauen, muß er Vertrauen und Zuverlässigkeit demonstrieren. Wenn er den sozialen Kontakt zwischen den Mitgliedern außerhalb der Arbeit als nützlich erachtet, dann muß er daran teilnehmen und ihn vielleicht selbst initiieren.

Da die meisten Menschen und Gruppen noch so etwas wie autokratische Führung erwarten, sind sie von einem Leiter womöglich überrascht, wenn nicht verwirrt, der einen stark partizipativen Stil einschlägt. Einige halten ihn vielleicht sogar für schwach oder unsicher. Er sollte solchen Meinungen gleich am ersten Tag zuvorkommen, indem er seinen beabsichtigten Managementstil beschreibt und die Mitglieder zum Nachfragen anregt.

Der Manager oder Gruppenleiter muß sich auch darüber klar sein, inwieweit er selbst bereit ist, Zeit und Energie in die Entwicklung seines Teams im Hinblick auf die Verbesserung der langfristigen Beziehungen und der Leistung zu stekken, oder ob er bloß alles schnell über die Bühne gebracht haben will. Legt er zu den Prinzipien des Gruppenaufbaus nur Lippenbekenntnisse ab, wird er auch nicht mehr als die Quittung dafür bekommen. Sich dem Gruppenprozeß zu widmen, zahlt sich aus.

Coaching ist das wichtigste Werkzeug sowohl für die Führung als auch für die Entwicklung von Gruppen. Peter Lenney, ein Generalmanager bei Courtaulds Coatings, äußerte gegenüber *Management Today* (Dezember 1991), daß der Spruch »Man kann nicht managen, wenn man nicht coachen kann« zu so etwas wie einem Firmenmotto wurde. Ich stimme dem aus vollem Herzen zu. David Kenney, Manager für die Weiterbildung von Führungskräften bei Boots the Chemist, sagt, es gehöre zu seinem Auftrag, »dafür zu sorgen, daß sich hundertprozentig alle unsere Manager wie gute Coaches verhalten«.

Die Anwendung des Coaching in Gruppen

Das Gruppenentwicklungsmodell aus dem vorigen Kapitel bildet eine ausgezeichnete Grundlage für die Anwendung des Coaching in Gruppen. Sofern der Manager oder Coach versteht, daß Gruppen dann die beste Leistung zeigen, wenn sie die KOOPERATIONS-Stufe erreichen, wird er Coaching sowohl auf die gesamte Gruppe als auch auf einzelne Mitglieder anwenden, damit die Gruppe zu dieser Stufe vordringt. Wenn beispielsweise das allgemein akzeptierte ZIEL ist, das Team auf die KOOPERATIONS-Stufe zu bringen, und die REALITÄT ist, daß es sich jetzt irgendwo zwischen der EINBEZIEHUNGS- und der BEHAUPTUNGS-Stufe befindet, welche OPTIONEN haben wir dann und was WOLLEN wir tun?

Optionen zur Erreichung von Gruppenkooperation

Die folgende Aufstellung von OPTIONEN besteht aus den Antworten von Teilnehmern meiner Gruppenaufbau-Seminare auf diese Frage.

Diskutieren Sie und einigen Sie sich auf eine Reihe gemeinsamer Gruppenziele: Das sollte, ungeachtet ob die Organisation das Gruppenziel definiert hat, innerhalb der Gruppe geschehen. Veränderungen sind jederzeit möglich. Auch über die Vorgehensweise kann immer entschieden werden. Jedes Gruppenmitglied sollte aufgefordert werden, mitzumachen und auch eventuell vorhandene persönliche Ziele beizusteuern, die das umfassende Gruppenziel einbeziehen könnte.

Entwickeln Sie eine Reihe grundlegender Regeln bzw. operativer Prinzipien, die für alle Gruppenmitglieder akzeptabel sind und zu denen alle beigetragen haben: Zu deren Einhaltung sollten sich alle bereit erklären, auch wenn sie nicht mit ganzem Herzen hinter jedem einzelnen stehen. Wenn sie möchten, daß ihre Wünsche berücksichtigt werden, müssen sie auch bereit sein, die anderer zu respektieren. Es sollte regelmäßig überprüft werden, ob diese Grundregeln befolgt werden und ob sie geändert oder auf den neuesten Stand gebracht werden müssen. Wenn alle Parteien ihnen ehrlichen Herzens zustimmen und guten Willens sind, sollten kleine Fehler nicht zu scharfen Anschuldigungen führen, sofern sie sich nicht häufen.

Viele der folgenden Vorschläge könnten ebenfalls als Grundregeln begriffen werden. Ich will sie hier trotzdem einzeln aufführen.

Planen Sie, normalerweise im Rahmen festgesetzter Arbeitstreffen, regelmäßig Zeit für die Arbeit am Gruppenprozeß ein: In dieser Zeit werden die Grundregeln überprüft sowie Lob und Kritik geäußert. Es kann darüber gesprochen werden, inwieweit sich jeder persönlich einbringt, so daß Offenheit und Vertrauen aufgebaut und die Gruppenmitglieder auch als Personen anerkannt werden, nicht nur als Rädchen einer Produktionsmaschine. In dieser Zeit sollten Gespräche über Aufgaben nicht zugelassen werden.

Erörtern Sie, inwieweit die Gruppenmitglieder organisierte soziale Kontakte untereinander wünschen: Falls ein regelmäßiges Treffen geplant ist, muß respektiert werden, wenn jemand nicht teilnehmen möchte, weil er anderweitig engagiert ist oder mehr Zeit für die Familie braucht. Er selbst muß andererseits darauf gefaßt sein, daß er sich als Konsequenz dieser Entscheidung in gewisser Weise isoliert fühlt.

Richten Sie Hilfen für die, bei Bedarf vertrauliche, Behandlung aufkeimender persönlicher Schwierigkeiten oder Sorgen ein: Sie könnten, falls Treffen zum Gruppenprozeß aus geographischen oder anderen Gründen nicht oft abgehalten werden können, ein Kumpel-System einführen. Dabei hat jedes Gruppenmitglied ein anderes Mitglied als Kumpel, mit dem es, wenn nötig, reden kann. Auf diese Art und Weise können kleinere Probleme schnell gelöst werden, und es wird während der Treffen zum Gruppenprozeß keine wertvolle Zeit vergeudet.

Entwickeln Sie gemeinsame Interessen außerhalb der Arbeit: Einige Gruppen haben entdeckt, daß eine Gruppentätigkeit außerhalb der Arbeit, an der sich alle beteiligen, wie beispielsweise Sport oder ein gemeinsames Interesse, die Gruppe sehr eng zusammenschmieden kann. Ich erinnere mich an eine Gruppe, die ein Kind in einem Entwicklungsland ›adoptierte‹. Jeder leistete monatlich einen kleinen finanziellen Beitrag, mit dem die Schulausbildung bezahlt wurde. Sie hatten das Gefühl, das Kind habe zu ihrem Leben noch mehr beigetragen als sie zu seinem.

Erlernen Sie gemeinsam eine neue Fertigkeit: Vergleichbar mit der obigen Option, aber aufgabenorientierter, haben sich einige Gruppen darauf geeinigt, gemeinsam eine neue Fertigkeit zu erlernen, wie Coaching oder eine Sprache zur Vorbereitung auf das integrierte Europa, oder einen Kurs mit Bezug auf ihre Arbeit zu besuchen. Dies könnte sogar in gesunder Konkurrenz mit anderen örtlichen Gruppen, beispielsweise in derselben Organisation, geschehen.

Führen Sie gemeinsam die Gruppenübung durch: Gruppenbeziehungen profitieren sehr von Teammitgliedern, die unter sich die in Kapitel 13 erklärte Gruppenübung in zweckdienlichen Varianten durchführen. Dadurch wird Licht auf bestimmte Eigenschaften geworfen und somit deren Verstärkung gefördert. Auch wird durch diese Übung bemerkenswert schnell Vertrauen, Verständnis und Offenheit zwischen den Gruppenmitgliedern aufgebaut. Sie kann in ähnlicher oder unterschiedlicher Weise regelmäßig wiederholt werden, beispielsweise auf jedem anderen Teffen zum Gruppenprozeß.

Halten Sie Gruppendiskussionen zum individuellen und kollektiven Sinn und Zweck ab, wie sie von Gruppenmitgliedern wahrgenommen werden: Das geht weiter in die Breite und Tiefe als die Untersuchung von Zielen. Die Leute werden vom Sinn und Zweck ihres Tuns angetrieben. Mangelt es daran, führt das zu Lethargie, Depressionen und schlechter Gesundheit. Mehr Licht auf etwas zu werfen oder sich etwas bewußter zu machen, das so beherrschend ist, daß wir uns seiner überhaupt nur geradeso bewußt sind, wird die Zweckmäßigkeit und die Qualität unseres Arbeits- und Privatlebens erhöhen.

Alle diese Vorschläge oder OPTIONEN können von einer Gruppe in Erwägung gezogen werden, die eine Coaching-Methode verwendet. Das heißt, sie können durchaus vom Gruppenleiter ins Gespräch gebracht oder unauffällig gefördert werden. Die Gruppenmitglieder sollten aber selbst über sie entscheiden. Diese Entscheidung muß demokratisch getroffen werden, aber auch spezifisch ausfallen und festgehalten werden, wie in Kapitel 11 über den WILLEN dargestellt. Denken Sie daran, daß Coaching zur Verbesserung von Gruppenleistungen darauf beruht, dem einzelnen und der Gruppe als Ganzem BEWUSSTSEIN UND VERANTWORTUNG nicht aufzuzwingen, sondern sie zu erhöhen.

16 Coaching-Barrieren überwinden

Wir haben den Kontext des Coaching, seinen Wert und seine unwiderlegbare Logik betrachtet. Coaching hat nichts Geheimnisvolles an sich. Es ist nicht schwer zu lernen. Allerdings kann es genauso wenig aus einem Buch gelernt werden wie Autofahren oder Golfspielen. Wie bei allen Fertigkeiten bedarf es der praktischen Übung. Wenn man es engagiert und mit BEWUSSTSEIN und VERANTWORTUNG praktiziert, wird man es bald fachmännisch und entspannt anwenden können und von seinen Ergebnissen profitieren.

Eine neue Menschheitsvision

Coaching erfordert und verursacht bei einigen Menschen eine gründliche Veränderung darin, wie sie sich und andere wahrnehmen, seien es Kollegen, Untergebene oder Konkurrenten. Die Ansicht, daß alle Menschen, genau wie eine Eichel, das Potential besitzen, auf dem von ihnen gewählten Gebiet Großartiges zu leisten, ist weit von der verbreiteteren, aber veralteten Auffassung entfernt, nach der die Menschen solange leere wertarme Gefäße sind, bis man sie von außen füllt. Diese Wahrnehmungsänderung kann Zeit benötigen. Sie kann jedoch auch wie eine Offenbarung auftreten, sogar bevor sie stattfindet. Während die zugrundeliegende Philosophie noch fremd erscheint, ist es schon möglich, den Leistungsstand recht wirkungsvoll zu erhöhen, indem man einfach nach den hier beschriebenen Prinzipien eines guten Coaching vorgeht.

Kein Weg ist jedoch gänzlich frei von Stolpersteinen, und Sie laufen Gefahr, unterwegs auf einige Hindernisse zu stoßen. Es gibt äußere und innere Barrieren. Auf den Coaching-Seminaren, die ich für Manager durchführe, pflege ich diese die Barrieren, die sich ihnen ihrer Meinung nach in den Weg stellen könnten, auflisten zu lassen. Wir suchen dann nach Mitteln und Wegen, sie zu beseitigen. Ich entnehme hier diesen Listen die Sorgen, die am häufigsten genannt werden, und versehe sie mit einigen herausfordernden Kommentaren.

Äußere Barrieren

Die Unternehmenskultur ist gegen diese Methode: Natürlich ist sie das in gewisser Weise, sonst würden Sie nicht erst jetzt das Coaching einführen. Eine Coaching-Philosophie gehört zu der neuen Unternehmenskultur, die aufgeklärte Leute in Ihrer Organisation zu erzeugen versuchen. Andere ziehen die langweilige Illusion der Sicherheit des Status Quo vor. Immer mehr Organisationen kommen jedoch zu dem Schluß, daß zukünftiges Überleben von einem jetzigen Wandel abhängen kann und der Status Quo in Wirklichkeit die riskantere Alternative ist.

Die Leute stehen jeder neuen Methode zynisch gegenüber: Einige werden gewiß so reagieren, besonders wenn es um die organisationsinterne Kommunikation nicht zum besten bestellt war. Sie müssen ihnen unbedingt mitteilen, was Sie anders machen werden und warum.

Sie wollen einfach nicht begreifen, was ich tue, und werden mir nicht vertrauen: Dasselbe wie oben.

Sie wissen, daß ich ein Seminar besucht habe, und geben mir ein paar Wochen, um zur ›Normalität‹ zurückzukehren: Dasselbe wie oben.

Sie werden denken, daß es nur ein neuer Management-Trick ist: Erklären Sie, daß es sich um keinen Trick handelt, sondern um eine Notwendigkeit, um die Leistung und die Mitarbeiterbeziehungen zu verbessern. Sie werden schnell erkennen, daß es kein Trick ist, es sei denn, Sie sehen es selbst als einen solchen.

Es braucht zu lange. Ich werde kaum die Zeit zum Coachen haben: Es kommt ganz darauf an, wann Sie die Stoppuhr ein- und wann Sie sie wieder ausschalten. Im Augenblick geht es gewöhnlich schneller, den Leuten zu sagen, was sie tun sollen. Wenn Ihre Mitarbeiter das aber schnell wieder vergessen und Sie es ihnen immer und immer wieder sagen oder ihnen dauernd über die Schulter schauen müssen, was braucht dann länger?

Ich möchte den Coaching-Anwender Cameron Burness, einen Manager für Produktionsanlagen bei ICI Pharmaceuticals, zitieren:

Alles, was ich tue, zielt im Grunde genommen auf Leistung ab. Ich benutze Coaching dazu, meine Belegschaft auf ein Niveau zu bringen, auf dem ich Arbeiten an sie delegieren kann, die ich sonst selbst tun müßte. Ich sehe in der Zeit, die ich für das Coaching aufbringe, überwiegend eine Investition, deren Dividende die weitaus größere Zeitersparnis für mich selbst durch das Delegieren ist.

Ich würde bei einem Feuer nicht zögern zu schreien: ›Alle raus hier!‹. Aber wenn ich nicht aktiv nach Möglichkeiten suche, meine Belegschaft durch Coaching wachsen zu lassen [G R O W], werde ich aus dem ewigen Kreislauf der eigenen Brandbekämpfung nie herauskommen.

Sie erwarten, daß man ihnen sagt, was sie tun sollen: Wenn sie in der Vergangenheit nichts anderes gewöhnt waren, dann werden sie es auch weiterhin erwarten. Das ist etwas anderes, als wenn es ihnen lieber ist, alles gesagt zu bekommen.

Sie möchten, daß man ihnen sagt, was sie tun sollen. Sie wollen keine Verantwortung übernehmen: Wenn Menschen niemals Verantwortung übertragen worden ist, durch die Eltern, in der Schule oder bei der Arbeit, wird das, wie alles Neue, ihnen zunächst unheimlich erscheinen. Die meisten Menschen sehnen sich jedoch tief in ihrem Herzen nach Verantwortung, da sie uns teilweise einen Maßstab für das Selbstwertgefühl liefert. Wer aber ein sehr niedriges Selbstwertgefühl hat, tut sich schwer mit der Übernahme von Verantwortung. Um diesen Menschen da herauszuhelfen, muß man sich noch extra intensiv um sie kümmern. Coaching ist meines Wissens der beste Weg dafür. Wichtige Coaching-Fragen könnten beispielsweise sein:

- Was soll Ihnen Ihre Arbeit außer Geld bringen?
- Was bedeutet Verantwortung für Sie?
- Ist Verantwortung für Sie momentan eine Last?
- Ist Verantwortung für Sie immer eine Last?
- Was lieben einige Menschen Ihrer Meinung nach an der Verantwortung?

- Für was sind Sie in Ihrem Leben noch verantwortlich?
- Wovor haben Sie Angst?
- Was könnten Sie tun, um sie zu überwinden?
- Für was würden Sie Verantwortung übernehmen?
- Würden Sie versuchen, für eine Woche mehr Verantwortung zu akzeptieren?

Bereits dadurch, daß sie diese Fragen beantworten, beginnen sie, Verantwortung zu übernehmen – zumindest für ihre eigenen Antworten. Wenn Sie, als ihr Manager, ihnen nicht helfen, Verantwortung zu übernehmen, wer sonst? Und sind Sie mit der geringen Leistung eines Menschen zufrieden, der keine Verantwortung tragen will?

Sie werden denken, ich habe nicht alle Tassen im Schrank: Sollen sie doch! Verrücktheit ist so liebenswert! Erklären Sie es einfach.

Ich werde meine Autorität verlieren: Ein Manager, der durch Coaching führt, gewinnt echten Respekt, ebenso wie Selbstrespekt. Das ist weit befriedigender als die Illusion von Macht, auf die sich Autokraten stützen, bis sie ins Wanken geraten oder vom Sockel fallen.

Ich bin ein Experte, und sie respektieren und erwarten das Wissen, das ich einbringe: Ihre Sachkenntnis wird von unschätzbarem Wert bleiben. Es verändert sich nur die Art, wie Sie sie einsetzen werden. Mißgönnen Sie anderen, daß sie Ihnen etwas abgucken? Verteilen Sie Ihr Wissen in so kleinen Portionen, daß es für niemanden reicht, um Ihnen bedrohlich werden zu können? Oder wollen Sie Ihre Möchte-Gern-Nachfolger ermutigen, auf Ihren Schultern zu stehen?

Ich verwende bereits einen Coaching-Stil. Ich brauche nichts zu verändern: Eine der klassischen Methoden, um einen notwendigen Wandel zu umgehen, ist die Behauptung, alles schon so zu machen. Solche Menschen haben in der Regel nur eine schwache, tief unter ihrem sonstigen Sachwissen vergrabene Ahnung vom Coachen. Fragen Sie ihre Untergebenen, um herauszufinden, ob sie es anwenden. Aber seien Sie vorsichtig. Es kann sich dabei auch um eine Ihrer eigenen inneren Barrieren handeln. Ist dem so? Lesen Sie weiter.

Innere Barrieren

Es ist nichts Neues. Ich mache es schon seit Jahren: Wenn Sie derart arrogant antworten, dann machen Sie es ganz sicher nicht!

Ich habe Angst, daß ich es nicht gut machen werde: Ohne Übung wird es so kommen. Am wenigsten riskant ist es, mit dem Selbst-Coaching zu beginnen. Probieren Sie es mit der Bolzplatz-Fußballmannschaft oder mit Ihrem Sohn oder Ihrer Tochter aus. An Ihrem Arbeitsplatz gibt es sicher einige Leute und Gruppen, mit denen man einfacher zusammenarbeiten kann als mit anderen. Probieren Sie es mit ihnen aus und sagen Sie ihnen, was Sie tun.

Ich werde steckenbleiben. Ich werde nicht wissen, welche Fragen ich stellen soll: Nicht, wenn Sie sich an die goldenen Regeln halten, dem Gecoachten zuzuhören, ihn zu beobachten und seinem Interesse, seiner Führung oder Richtung zu folgen. Dadurch werden Sie immer erfahren, was Sie fragen sollten. Vergessen Sie nicht, daß Sie das Bewußtsein schärfen und nicht instruieren. Machen Sie es sich leicht. Der ganze Vorgang ist nichts anderes als Variationen der folgenden Themen:

Was wollen Sie?	ZIEL
Was geschieht gerade?	REALITÄT
Was könnten Sie tun?	OPTIONEN
Was wollen Sie tun?	WILLE

Ich werde nicht die Ergebnisse erzielen, die ich mit meinem alten Stil erziele: Stimmt. Sie werden bald bessere bekommen!

Was ich vorher getan habe, funktioniert doch, warum soll ich etwas verändern? Weil Ihr Überleben und das Ihrer Organisation von einer besseren Leistung und einer besseren Lebensqualität am Arbeitsplatz abhängen kann.

Ich glaube nicht an diese neuen, ach so sanften Methoden: Kommen Sie nicht damit. Haben Sie denn jemals eine ausprobiert?

Das einzige, was die Leute motiviert, ist Geld: Umfassende neue Forschungsarbeiten zeigen, daß das nicht stimmt. Es kann natürlich so aussehen, wenn Sie nicht lernen, ihnen etwas Sinnvolleres anzubieten.

Nun fügen Sie dieser Liste Ihrer inneren Barrieren die mit Ihren äußeren Barrieren hinzu, aber stellen Sie jeder einfach den Satz voran: ›Ich glaube, daß ...‹ Ich will nicht sagen, daß Ihre äußeren Barrieren keine Gültigkeit besitzen, aber Sie würden gut daran tun, einzugestehen, daß ein Gutteil von ihnen in Wirklichkeit innere sind.

Wir wollen alle lieber glauben, daß **sie** das Problem sind. Dadurch sind wir im Recht, und es bewahrt uns davor, etwas verändern zu müssen. Aber es bedeutet auch, daß wir in der Situation gefangen sind, weil wir **sie** nicht verändern können. Wenn wir zugeben können, daß es vielleicht unser eigener Widerstand ist, den wir auf **sie** übertragen, haben wir die Macht, Dinge zu verändern, weil sie jetzt unter unserer Kontrolle sind!

Dies ist nur ein anderer Fall von Ich-BEWUSSTSEIN und VERANTWORTUNGS-Übernahme, die zu einer verbesserten Managerleistung führen.

17 Die vielfältigen Vorzüge des Coaching

Welche Vorteile bietet nun das Coaching gegenüber dem Instruieren für den Manager und den Gemanagten? Und welchen Nutzen hat eine Organisation, wenn sie sich eine Coaching-Kultur, wie ich es nenne, zu eigen macht?

Bessere Leistung und Produktivität

Leistungs- und Produktivitätsverbesserungen müssen an erster Stelle stehen. Wenn sie durch Coaching nicht zu erreichen wären, würden wir es lassen. Durch Coaching leisten Individuen und Gruppen ihr Bestes. Instruieren strebt dies nicht einmal an, kann es also gar nicht bewirken.

Mitarbeiterentwicklung

Menschen zu entwickeln, heißt nicht, sie ein- oder zweimal im Jahr auf einen Schnellkurs zu schicken. Ihr Führungsstil wird sie entweder weiterentwickeln oder daran hindern. Es liegt an Ihnen.

Besseres Lernen

Durch Coaching lernt man am schnellsten. Es macht zudem mehr Spaß, und man merkt sich das Gelernte eher.

Bessere Beziehungen

Alleine schon jemandem eine Frage zu stellen, bedeutet Achtung vor ihm und seiner Antwort. Sage ich ihm nur etwas, kommt es zu keinem Austausch. Ich könnte genauso gut zu einer Wand sprechen. Ich fragte einmal einen besonders stillen, aber vielversprechenden jungen Tennis-Nachwuchsspieler, was seiner Meinung nach gut an seiner Vorhand sei. Er lächelte und sagte: »Ich weiß es nicht. Niemand hat mich je vorher nach meiner Ansicht gefragt.« Das sagte alles.

Bessere Lebensqualität am Arbeitsplatz

Aufgrund des Respekts gegenüber dem einzelnen, der verbesserten Beziehungen und des damit einhergehenden Erfolgs wird sich die Arbeitsatmosphäre zum Besseren verändern.

Mehr Zeit für den Manager

Mitarbeiter, die gecoacht werden und gerne Verantwortung übernehmen, müssen nicht auf Schritt und Tritt beobachtet werden. Der Manager kann dadurch seinen übergeordneten Funktionen nachkommen, für die er in der Vergangenheit nie recht Zeit gefunden hat.

Mehr kreative Ideen

Coaching und ein Coaching-Umfeld fördern kreative Vorschläge von allen Teammitgliedern, ohne daß sie Angst haben müßten, lächerlich gemacht oder hinausgeworfen zu werden. Eine kreative Idee löst oft weitere aus.

Verbesserter Einsatz von Menschen, Fertigkeiten und Ressourcen

Ein Manager ahnt oft nicht, welche versteckten Ressourcen ihm zur Verfügung stehen, bis er zu coachen anfängt. Er wird in seinem Team bald viele zuvor unerkannte Talente sowie Lösungen für praktische Probleme entdecken, die nur von Leuten gefunden werden können, die eine Aufgabe regelmäßig auszuführen haben.

Schnellere und wirksamere Notfallreaktion

In einer Atmosphäre, in der die Menschen geachtet werden, werden sie immer bereit sein, sich ins Zeug zu legen, wenn oder sogar bevor man sie dazu nötigt. In viel zu vielen Organisationen werden die Leute nicht geachtet. Sie tun dann nur, was ihnen gesagt wird, und auch davon nur so wenig wie eben möglich.

Größere Flexibilität und Wandlungsfähigkeit

Beim Coaching-Ethos dreht sich alles um Wandel, um Aufgeschlossen- und Verantwortlichsein. Der Bedarf an Flexibilität wird in der Zukunft zu- und nicht abnehmen. Erhöhter Wettbewerb auf dem Markt, technologische Innovation, weltweite Direktkommunikation, wirtschaftliche Unsicherheit und soziale Instabilität werden dafür sorgen während unseres kurzen Lebens! Nur die Flexiblen und Elastischen haben eine Überlebenschance.

Angewandtes Coaching

Das sind einige der allgemeineren, offensichtlicheren Vorzüge eines richtig angewandten Erfolgs-Coaching. Jedes Unternehmen unterliegt jedoch anderen Bedingungen und Erfordernissen, und Coaching führt bei wirklich jeder Organisation zu erwarteten wie unerwarteten Vorteilen. Im folgenden werden ein paar Beispiele für ein wirkungsvoll angewandtes Coaching gegeben.

Bei Woolwich hatte sich aus der Linienverantwortlichkeit heraus ein zunehmendes Bewußtsein dafür entwickelt, die anspruchsvolle Handlungsoption des Managements, nämlich Trainingsstrategien zu unterstützen, zu erfüllen. Der Wille war da, und an verschiedenen Stellen war auch schon einiges passiert. Aber dieses Engagement brauchte einen gemeinsamen Rahmen, der die allumfassende Anwendung erleichterte.

Coaching wurde als das »fehlende Glied« zwischen Training und verbesserter Leistung erkannt. Die Grass Roots Group [ein Unternehmen, für das David Whitaker, David Hemery und ich Coaching-Kurse abhalten] wurde verpflichtet, einer Reihe von Leuten ein hausinternes Programm zu präsentieren, die von der Position her die Theorien und Fertigkeiten bei einer großen Gruppe von Personen testen und ihre Wirksamkeit anhand einer Vielzahl von harten und weichen Maßnahmen beurteilen konnten.

Es wurde schnell ersichtlich, daß ihr Coaching-System einfach und durchschlagend war. Linienmanager wie Untergebene sprachen gut auf die leistungszentrierte Methode an, die mit einem partizipativen, das Ethos von »Sich eine Sache zu eigen machen ist gleich Engagement« fördernden Managementstil völlig übereinstimmte. Der Einsatz wirksamer Fragen, um das Bewußtsein und die persönliche Verantwortung zu erhöhen, eroberte sich seinen Platz gegenüber dem herkömmlichen Fertigkeitstraining, besonders, was das große Woolwich-Netz von Einzelhandelsgeschäften betraf.

David Stringer, Direktionsassistent im Bereich Managementtraining der Woolwich Building Society

Wir mußten für die Forderungen der Öffentlichkeit aufgeschlossener werden und gleichzeitig unsere verfügbaren Ressourcen wirkungsvoller einsetzen, um mit der zunehmenden Arbeitsbelastung fertig zu werden. Die Polizeikommandeure konnten ausgezeichnet autoritär führen, jedoch ihre Mitarbeiter nicht sehr produktiv einsetzen. Ein Erfolgs-Coaching wurde beispielsweise effektiv eingesetzt, um weiter unten in der Hierarchie stehenden Beamten Mut zu machen, neue Methoden zur Steigerung der Aufklärungsrate von Verbrechen zu entwickeln. Die neueren Statistiken sind sehr ermutigend. Darüber hinaus wird die G R O W-Folge des Coaching nun als standardmäßige Problemlösetechnik auf allen Managementebenen benutzt. Erst kürzlich wurde sie von den höheren Polizeibeamten außergewöhnlich effektiv zur Gestaltung ihrer jährlichen Einsatzpläne für den Landkreis verwendet.

Inspektor Peter Amery, Direktor der Forschungs- und Planungsabteilung, Kent Country Polizei

Coaching gehört zum grundlegenden Ethos unserer Firma. Lehrlinge müssen Erfahrung durch die Arbeit mit echten Kunden gewinnen. Das heißt, sie müssen von ihrem Vorgesetzten gecoacht werden, der seinerseits von seinem Manager oder Partner gecoacht wird. Die Zufriedenheit der Kunden und das Arbeiten mit einem Budget zwingen uns, effektiv zu coachen. In der Praxis versuchen die Leute, ihren Arbeitsgruppen die qualifiziertesten Mitarbeiter zu sichern. Das reduziert die Coaching-Belastung der Manager. Aber das gesamte Coaching zu beschneiden, kann sich als kostspieliger Fehler erweisen.

David Thompson, Gesellschafter bei
KPMG Peat Marwick

Wir mußten auf eine nichtmanipulative Art Coaching-Fertigkeiten vermitteln, durch die jeder einzelne seinen eigenen Managementstil innerhalb eines Gesamtsystems entwickeln konnte. Wir erreichten das durch ein Erfolgs-Coaching. Es erwies sich aber auch als wertvolle Übung für den Aufbau von Arbeitsgruppen.

Ian Wigston, Direktor für Strategische Planung
der Abteilung Märkte, Barclays Bank

Garnett Marshall, Direktor der British School of Motoring, faßt es kurz und bündig zusammen:

Bei der BSM wird das Training einem totalen Ethoswandel unterzogen. Wir glauben, daß man durch Coaching besser lernt als durch die altmodische autokratische Methode, sich vor die Leute hinzustellen. Wir möchten erreichen, daß jeder so gecoacht wird, daß er den Mut hat, Dinge selbst herauszufinden. Ich möchte nichts damit zu tun haben, Leuten Wissen quasi einzutrichtern. Der Ausbilder muß zum Förderer werden, damit das richtige Lernumfeld für die Leute erzeugt wird.

Coaching zum Sieg

Abschließend möchte ich noch eine Anekdote aus dem Sport zum besten geben. Es dreht sich um einen einzigartigen und gefährlichen Wettkampf. Er wurde durch seine traditionell autokratische Führung berühmt, die in der Vergangenheit auch bemerkenswerte Leistungen zustande brachte, aber in diametralem Gegensatz zur Coaching-Philosophie steht.

Der alljährliche Höhepunkt des Königlichen Turniers, der großen Militärshow, die jeden Sommer in London abgehalten wird, ist das Feldgeschützrennen. Der Wettkampf wurde vor vielen Jahren ins Leben gerufen, um an einen Feldzug im Burenkrieg zu erinnern, bei dem Geschütze allein von Menschenhand über Berge gebracht wurden. Beim Rennen muß eine altertümliche Lafette teilweise zerlegt und über einen Hinderniskurs geschleppt werden, der für die meisten von uns schon ohne das Gepäck abschreckend genug wäre. Wettkampfteilnehmer sind vier Truppengattungen.

Um die Gruppen von je achtzehn Mann zusammenzustellen und zu trainieren, sind jedes Jahr nur neun Wochen vorgesehen. 1990 war Joe Gough Erster Trainer des Marineluftwaffenteams. Bevor er mit dem Training anfing, besuchte er einen zweitägigen Kurs über Erfolgs-Coaching, der von meinem Kollegen David Hemery und mir durchgeführt wurde. Danach stattete David dem Team in der Anfangsphase des Trainings in Southampton einen Besuch ab. Joe veränderte daraufhin mutig und radikal seine Methode. Nach dem Rennen sagte Joe: »Wir haben dieses Jahr alles verändert. Und wenn es schiefgegangen wäre, hätten sie mich an den Pranger gestellt. Aber jetzt bin ich plötzlich der populärste Mann in der Marineluftwaffe!«

Zum ersten Mal in der Geschichte dieses Rennens gewann eine Truppengattung alle fünf bedeutenden Trophäen. Das ›A‹-Team der Marineluftwaffe verzeichnete die schnellste Einzelzeit, die beste Gesamtzeit, die meisten Punkte und die wenigsten Strafpunkte. Das ›B‹-Team gewann ebenfalls seine Trophäe. Dieses außergewöhnliche Ergebnis wurde mit 30 Prozent weniger Übungsläufen als in den vorhergehenden Jahren und mit weniger Verletzungen erreicht. Hier einige Zitate des Teams:

- »Zum ersten Mal hat uns jemand nach unserer Meinung gefragt und zugehört.«
- »Joe fragte uns immer, ob wir noch einen Übungslauf wollten. Wenn wir nein sagten, fühlten wir, daß wir ihm etwas schuldig waren. Das wirkte sich positiv auf den nächsten Tag aus.«
- »Joe war sehr zugänglich. Er behandelte uns wie Männer.«
- »Eines Abends forderte uns Joe auf, alles für einen weiteren Übungslauf klarzumachen. Wir waren wie erschlagen. Eric, unser Physiotherapeut, ging zu Joe und sagte ihm, daß wir alle der Meinung seien, diese Entscheidung sei falsch. Joe kam heraus und meinte, daß wir alles wieder wegräumen sollten! Ich konnte es nicht glauben. Nur ein großer Mann kann zugeben, daß er unrecht hatte ... und als das einmal geschehen war, begannen auch wir, einzuräumen, daß wir bei manchen unserer Drillübungen

etwas falsch gemacht hatten, anstatt nach Entschuldigungen zu suchen. Es ging viel ehrlicher zu!«

Joe Gough faßte seine neugewonnene Überzeugung, daß Coaching wirklich zu besseren Leistungen führt als Kommandieren und Angst, mit den Worten zusammen: »Man kann jemanden dazu bringen, zu laufen, aber man kann ihn nicht dazu bringen, schnell zu laufen.«

18 Es liegt an Ihnen

Dieses bewußt kurzgehaltene Buch über Coaching enthält vielleicht Dinge, die Sie nicht benötigen. Möglicherweise habe ich auch einiges ausgelassen, das Sie sich gewünscht hätten. Teilweise mögen meine Ausführungen zu oberflächlich, teilweise zu sehr in die Tiefe gegangen sein.

Ich wollte Sie davon überzeugen, daß Coaching eine Fertigkeit ist, die von allen Menschen, die lehren oder andere managen, erworben werden sollte. Der Bedarf an solchen Fertigkeiten wächst und wird in absehbarer Zukunft im Unternehmensbereich, im Dienstleistungsgewerbe, in den Schulen und im Sport noch weiter zunehmen.

Steigern Sie sich selbst

Coaching ist nicht nur ein Werkzeug, das Manager in einer Vielzahl von Situationen gebrauchen können, um zu planen, Probleme zu lösen, nachzuprüfen, Personalfragen zu bearbeiten, neue Fertigkeiten zu erlernen und Menschen und Gruppen weiterzuentwickeln. Es verlangt und erzeugt auch gleichermaßen eine positivere Einstellung gegenüber Menschen, Mitarbeitern, Klienten, Kollegen, Kunden und Konkurrenten.

Das Ergebnis ist eine verbesserte Leistung, ein schnelleres Lernen und ein angenehmeres Arbeitsleben für Sie und Ihre Kollegen und Mitarbeiter. Ihr Gewinn wird jedoch eng mit Ihrem Engagement zusammenhängen, ein guter Coach zu werden. Dieses Buch wird Sie hoffentlich darin unterstützen, Ihr Coaching, wenn Sie es schon praktizieren, noch intensiver zu betreiben oder, wenn nicht, umzudenken. Es liefert möglicherweise einige Richtlinien für das Coaching, anhand derer Sie mit der praktischen Anwendung beginnen können. So gesehen ist es eine Landkarte, die Ihnen hilft, zu entscheiden, wohin Sie gehen wollen. Vergessen Sie dabei aber nicht, daß die Karte nicht das Territorium ist. Das müssen Sie selbst erforschen mit all seinen kräftezehrenden und beglückenden Höhen und Tiefen.

Mir fällt ein Schweizer Skilehrer ein, der nach einundzwanzig Jahren Unterricht im Stil der ›in-die-Knie-geh‹-Methodik nicht nur seine Lehrtätigkeit, sondern auch das Skifahren gänzlich aufgeben wollte. Ihn langweilten die endlosen Wiederholungen der gleichen Worte und Übungen vor einem nicht abreißenden Strom gesichtsloser Läufer. Er ging zu Timothy Gallwey und lernte von ihm, wie man Inneres Skifahren lehrt. Von da an hatte seine Lehrtätigkeit für ihn eine neue Bedeutung. Jeder Tag wurde zu einer neuen Herausforderung, jeder Kunde zu einer wirklichen Person, und er selbst lief plötzlich Ski auf einem Niveau, das er nie für möglich gehalten hatte. Fünfzehn Jahre später lehrt er immer noch Skifahren und liebt es. Das zeigt, welchen Einfluß das Erlernen des Coachens mit seinen Ursprüngen des Inneren Spiels auch auf mich gehabt hat. Ich entdeckte mich selbst wieder neu, und ich entdeckte zum ersten Mal, welcher Reichtum und welches Potential wirklich in anderen Menschen steckt.

Einen Coach engagieren

Obgleich es für alle von Nutzen ist, einige Coaching-Fertigkeiten zu erwerben, gibt es doch oft Umstände, unter denen die Hinzuziehung eines hochbefähigten unabhängigen Coaches oder einer sonstigen entsprechenden Kraft mancherlei Vorteile bringt.

Direktoren großer Unternehmen und insbesondere Vorstandsvorsitzende können, so gesellig sie sein mögen, auch sehr einsam sein. Sie haben nicht viele, die sie um Hilfe bitten können, oftmals niemanden in ihrer eigenen Organisation. Unsicherheit darüber, wer vertrauenswürdig ist, heimlicher hausinterner Wettbewerb und die Leichtigkeit, mit der man auf der firmeninternen Karriereleiter ausrutschen kann, machen es ihnen oft schwer, sich mit Problemen an einen Vorstandskollegen zu wenden, die Leistung oder Besitzansprüche Gleichgestellter betreffen. Noch häufiger haben sie jedoch vielleicht einfach den Wunsch, jemanden um Rat zu fragen, der sie auf frische Gedanken bringen kann, weil er persönlich mit dem Ganzen nichts zu tun hat, einen Außenstehenden, der nicht in die Organisation oder seine Kultur involviert ist. Ein unabhängiger Coach kann ganz anders als ein Insider über Ideen nachdenken, die Leute auf Problemlösungen kommen lassen, und deren Umsetzung unterstützen.

Höhere Führungskräfte erkennen zunehmend die Vorzüge und Chancen, in Beratungen mit einem fest dafür verpflichteten Coach neue Wege zu erkunden. Dasselbe gilt für Teams leitender Geschäftsleute, die die meiste Zeit in alle Himmelsrichtungen verstreut sind. Sie möchten deshalb, wenn sie sich schon mal treffen, ihre Meetings so produktiv wie nur möglich gestalten. Das kann durch die Förderung der Gruppe durch einen unabhängigen Coach ausgezeichnet erreicht werden. Er kann die Gruppendynamik verfolgen, auf Gruppenprozesse achten und so das Team unterstützen, so daß es sich auf seine eigentliche Aufgabe konzentrieren kann. Der Bedarf an guten unabhängigen Coaches wächst allerorten an.

Die Wahl

Bauen Sie also Ihre eigenen Coaches auf oder stellen Sie welche für bestimmte Situationen ein? Es dürfte klargeworden sein, daß alle Manager Coaching-Fertigkeiten brauchen und eine Coaching-Kultur wahrscheinlich neue Leistungshochs hervorruft. Aber selbst wenn beides vorhanden ist, mag es immer noch Umstände geben, wo ein außenstehender Coach nützlich ist. Das eine wie das andere ist sinnvoll.

Coaching ist eine Fertigkeit. Es ist nicht schwierig, wenn Sie die grundlegenden Prinzipien verinnerlicht haben. Gutes Coaching kann zu einer sowohl vom Coach als auch vom Gecoachten hochgeschätzten Kunst werden. Auf den nächsten Seiten werden zwei einfache Zusammenfassungen gegeben, die als schneller Führer zur Coaching-Praxis dienen können.

Die Zusammenfassung bringt den Coaching-Prozeß noch einmal auf den Nenner. Vergessen Sie aber nicht, daß es der KONTEXT ist, um den wir uns immer bemühen. FERTIGKEIT und FOLGE sind nur einfach Methoden, um dahin zu gelangen.

ERFOLGS-COACHING BERUHT AUF:	
KONTEXT	Bewußtsein und Verantwortung
FERTIGKEIT	Effektives Fragen
FOLGE	G – Ziele (Goals) R – Realität (Reality) O – Optionen (Options) W – Wille (Will)

Es folgt ein Gerüst von Coaching-Fragen, das in einer Coaching-Sitzung differenzierter ausgearbeitet und als Leitfaden eingesetzt werden soll:

	COACHING-FRAGEN
ZIEL	Was ist das Ziel dieser Diskussion? Was wollen Sie (kurz- und langfristig) erreichen? Handelt es sich um ein End- oder ein Leistungsziel? Wenn es ein Endziel ist, welches Leistungsziel gehört dazu? Wann wollen Sie es erreicht haben? Ist es positiv, lockend, erreichbar, meßbar?
REALITÄT	Was passiert jetzt? (WAS, WANN, WO, WIEVIEL) Wen betrifft es? Was haben Sie bisher dafür getan? Was ist dabei herausgekommen? Was passiert intern wie extern? Was hindert Sie daran, vorwärtszukommen?
OPTIONEN	Welche Optionen haben Sie? Was könnten Sie sonst noch tun? Was wäre, wenn ...? Wünschen Sie noch einen anderen Vorschlag? Was sind die Kosten und der Nutzen jeder Option?

WILLE	Was werden Sie tun? Wann werden Sie es tun? Werden Sie damit Ihr Ziel erreichen? Auf welche Hindernisse könnten Sie stoßen? Wie werden Sie sie überwinden? Wer muß davon Kenntnis haben? Welche Hilfen benötigen Sie? Wie werden Sie diese Hilfen bekommen? Bewerten Sie auf einer Skala von eins bis zehn, wie wahrscheinlich es ist, daß Sie diese Handlung auch ausführen werden.

Literatur

Board, Robert de (1987), *Counselling Skills,* Wildwood House (zuerst 1983 bei Gower Publishing Co.).

Clutterbuck, D. (1991), *Everyone Needs a Mentor,* London: Institute of Personnel Management.

Gallwey, T. (1991), *Tennis: Das innere Spiel. Durch entspannte Konzentration zur Bestleistung,* München: Goldmann. (Original: The Inner Game of Tennis, New York: Random House (1975); London: Jonathan Cape (1975).)

Gallwey, T./Kriegel, B. (1977), *Inner Skiing,* New York: Random House; London: Jonathan Cape.

Gallwey, T. (1979), *The Inner Game of Golf,* New York: Random House; London: Jonathan Cape (1981).

Hemery, D. (1991), *Sporting Excellence: What Makes a Champion?,* London: Collins Willow.

Parsloe, E. (1992), *Coaching, Mentoring and Assessing: A Practical Guide to Developing Confidence,* London: Kogan Page Limited.

Stayer, R. (1990), How I learned to let my workers lead, in: *Harvard Business Review* (November/December).

Whitmore, D. (1991), *Psychosynthesis Counselling in Action,* London: Sage Publications Limited.

Einige Lösungen der Neun-Punkte-Übung

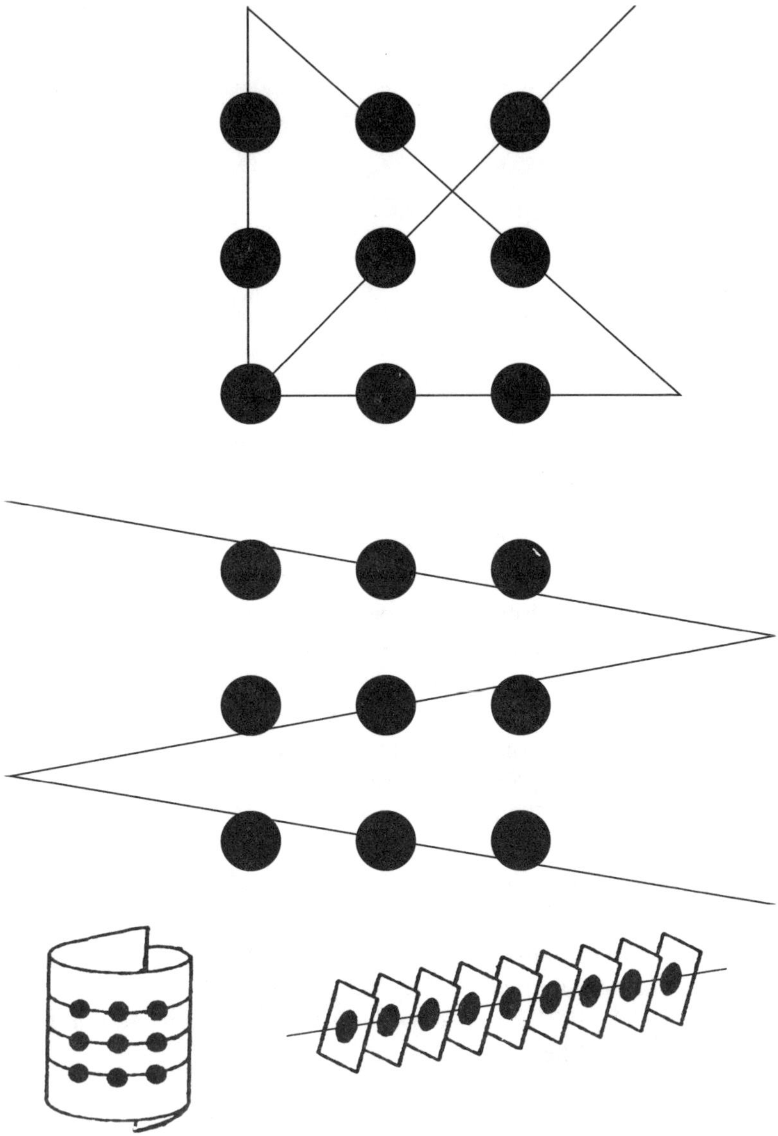